U0902846

从今天起，做个不动声色的女子

Cong jintian qi zuoge budongshengse de nüzi

李嵘 著

天津出版传媒集团
天津人民出版社

图书在版编目（CIP）数据

从今天起，做个不动声色的女子 / 李嵘著.--天津：天津人民出版社, 2017.5

ISBN 978-7-201-11543-6

Ⅰ.①从… Ⅱ.①李… Ⅲ.①女性—人生哲学—通俗读物 Ⅳ.①B821-49

中国版本图书馆CIP数据核字（2017）第056323号

从今天起，做个不动声色的女子

CONG JINTIAN QI ZUOGE BUDONGSHENGSE DE Nü ZI

出　　版　天津人民出版社
出 版 人　黄　沛
地　　址　天津市和平区西康路35号康岳大厦
邮政编码　300051
邮购电话　（022）23332469
网　　址　http://www.tjrmcbs.com
电子信箱　tjrmcbs@126.com

责任编辑　陈　烨
选题策划　李世正
特约编辑　王玉红
内文设计　邱兴赛
封面插图　闫听听
封面设计　仙　境

制版印刷　北京华创印务有限公司
经　　销　新华书店
开　　本　880×1230毫米 1/32
印　　张　8.75
字　　数　110千字
版次印次　2017年5月第1版　2017年5月第1次印刷
定　　价　35.00元

前言

生活中，时时可以遇到有着精致妆容、温暖笑脸、沉稳安静的女子。她们的平和能带给朋友以信赖与安定，她们的优雅会让每个人感受到美丽的点点滴滴，她们的善良宽容可以让周边充满爱的芬芳与甜蜜。

不动声色不是逃避，不是故作姿态，是在理解太多悲欢后的一种懂得，也是在经历太多挫折后而获得的一种生活态度。人生路上，没有谁能一直走出最完美的轨迹，对一件事情坚持或始终守住心底的那一份纯真，或许并不能完全改变命运的走向，但终究会让自己过得安宁和不悔。

不动声色不是隐忍，因为这些聪慧的女子知道，隐忍是永远不可能为自己带来想要的东西的。她们有着自己的原则和底线，不会让自己成为讨好权贵、委曲求全的那种女人。

她们知道，规则的建立是困难的，而一旦选择没有规则的人生，势必会溃不成军。

不动声色的女子懂得美是什么，怎样去看待和塑造美，她们对美有着自己独特的理解。得体的妆容不过是一种精致的生活态度，更重要的是她们知道珍视世间的每一个生命，哪怕弱小，哪怕微不足道，这让她们更显高贵与优雅。

不动声色的女子是智慧的、善良的，因为她们的慈悲会让自己拥有一颗温暖、娴雅的心，她们懂得理解，懂得安慰，更懂得原谅。因为这份善良，她们的人生始终充盈着芬芳，焕发着蓬勃的生命力。

那些不动声色、能够掌控自己命运的女子，并不比其他女人更有优势，只不过她们不卑不亢，不惧不忧，乐观积极，豁达开朗，勇于面对生活中的不幸和挫折，坦然面对世间的冷嘲热讽，洒脱地生活，快乐地生活，让自己的心灵花园洋溢芬芳。

从今天起，做个不动声色的女子，不取悦，不妥协，不盲目，不凑合，不偏激，不痴狂，把日子过成自己想要的样子，精致到老。

第一章

安静从容是本色

第二章 牺牲永远换不来平等

第三章 带不走的光阴

第四章

你的完美超乎你的想象

第五章

勇敢，才是挫折的对手

第六章

你是唯一，自然高贵

第七章

学会爱，才会拥有爱

第 一 章

C H A P T E R

「安静从容是本色」

生活从来不是想象的世界，
每天都会发生意想不到的事情，
有亲人的离去，有爱人的变心，
有同事的欺骗……
没有人喜欢自己的人生充满变数，
也没有人喜欢遭遇困境，
一帆风顺才是我们想要的理想生活。
可是，
生活的变数也激励了我们，
学会适应，学会改变，
在面对一切变故时，
学会用一颗平静的心去解决
生活交给我们的一道道难题和挑战。

1

问自己，人生最重要的是什么

小梅又辞职了，这份化妆美容师工作距离她上一次离职不到半年的时间。当时她告诉我们这份工作非常适合她，她一直想成为化妆品界的靳羽西。几个好友得知小梅离职后都觉得奇怪，大家都在想为什么小梅会离开自己喜欢的平台？

朋友聚会时，出乎大家的意料，小梅没有谈化妆品，反而拿出一个新的楼盘销售计划。一位朋友问小梅怎么又开始做房地产销售了？小梅说天底下只有房子才是真正属于女人的。小梅话音刚落，大家就想起她曾说过天下只有化妆品才是女人永远的朋友。于是纷纷感慨小梅的态度转变太快了。

通过一番交谈，大家才知道小梅为什么没有做化妆品工作了。原来小梅应聘的那家化妆品公司是全球知名公司，对于每一个新入职的员工，公司都要求员工在卖场熟悉每一种产品，有针对性地对顾客进行介绍。小梅觉得这个要求对她来说很容易，可没有想到，在对一款眼影所用材料进行介绍时，她却出现了错误。柜长发现后，当场批评了小梅。

这位柜长比小梅小几岁，她的批评小梅一点儿都没放在心上，既没有吸取教训，也没有花时间熟悉产品。接下来发生的事，就让小梅吃了苦头。那一天，小梅柜台旁来了一位老妇人。她一会儿要小梅拿面霜，一会儿又要小梅给介绍唇膏，小梅就用自己知道的知识回答了老妇人，可面对老妇更多的提问，小梅回答不出来就随便介绍起来。没想到，这位老妇人是老顾客，多年来她一直使用此品牌的护肤品和彩妆。老顾客没有得到详尽的产品介绍，深感失望，于是便在意见反馈簿上写出了她对产品和员工的失望。

老妇人的反馈意见受到公司的重视，公司不仅扣除了小梅的当月奖金，还处罚了专柜柜长。专柜柜长心里委屈，便又把小梅数落了一通。小梅哪受得了这种气啊，她本来想成为叱咤风云的“化妆品女王”，没想到公司不仅安排她站柜台，还扣除她的奖金，于是，小梅想都没想就走人了。

听小梅述说完离职原因，有朋友问小梅为什么不继续坚持做下去，最多把产品的介绍背熟不就行了吗。小梅说她可以背下所有的产品介绍，但她却不能忍受公司对她的态度。

听小梅这样说，朋友们都认为不过是扣了点儿奖金，挨了一顿批评，哪个刚入职的新人不遇到点儿事情啊！如果小梅的心理承受力和对事物的判断力只停留在幼儿期，她以后还会遇到同样的问题。果不其然，这次聚会后不久，小梅又辞去了房地产公司的工作。

朋友张艳和小梅差不多的年纪，可是，两个人的生活态度却不相同，收获也自然不同。话说张艳在朋友的介绍下进了一家机械公司，没有学历的她只能在生产车间工作。不论冬夏，在操作现场必须穿上厚厚的工作服和翻皮鞋，她曾亲眼看到过同事被工件压断手指头，虽然公司按工伤处理这件事，重新给同事安排了工作，但是失指之痛却成为那位同事一生的阴影。探望完同事，在回家的路上，张艳暗自对自己说，一定要改变自己的人生命运。

从那天起，张艳就利用业余时间学习文化知识，她知道，唯有自己强大了，才会有更多的选择机会。一次，张艳帮同事搬运大铁块，大铁块砸到了张艳的脚上，她的脚当场就肿了起来。去医院的路上，张艳一滴眼泪都没有掉，对于别人来讲，出了工伤一定会怨天怨地，可是张艳没有。在家休工伤假的时候，她每天不是看书就是帮家里人做事情。回到单位后，有领导提议给张艳换一个岗位，张艳拒绝了。同事们都说张艳傻，可是张艳却知道，更换工作岗位不是她的目标，她要的不是暂时的安逸。

三年后，张艳获得了自考会计学专科毕业证书，张艳向公司的人力资源部提交了学历证明，想更换一项更适合自己的工作岗位。人力资源部负责人一边登记，一边淡淡地告诉张艳，如果有消息会和她再联系。

张艳这一等又是三年，在这三年里，她问过人力资源部，人家给出的回答依然是等待。张艳和好友无意中谈起了这件事情，好友建议张艳去拜访一下，张艳采纳了好友的意见。可当她打听到了人力资源部部长的家庭住址，并走到他家楼下时，她却转身离去了。张艳说找一个陌生的人去渴求一份工作机会，她觉得特别不自在。

回到家后，坐在书桌前的张艳随手翻看自己写下的笔记，其中有一段话是这样写的："勇者，只有迎接挑战，才能称之为勇者。"看着这句话，她知道自己应该做什么了。

为了在实践中学到专业知识，张艳开始从部门会计那里偷学技艺，自己按照会计科目表虚拟成本计算。遇到解决不了的问题，她就把这些疑问记在本子上，向懂会计的人询问。渐渐地，她对会计学有了自己的看法，收获颇多。

这时，公司新换了领导，这位领导在选人用人上有自己的标准。哪个部门缺少人手，他一改过去由人力资源部统一安排的方法，而是贴出招聘信息。那一天，张艳看到了公司招财务人员的招聘信息，她果断地报了名。经过笔试、面试等环节，张艳从一群人中脱颖而出，她终于依靠自己的力量，在等待中实现了自己的人生逆袭。

人生中最重要的事情是什么？每个人的答案都不一样，可是仔细观察那些历史上的成功者，你会发现，在他们身上有着共同的东西：认准目标，坚不放弃，不会因为挫折和失败改变自己的人生选择，更不会盲目对待自己的人生目标。

如文中的小梅，她有自己的人生目标，但却在实现过程中缺少坚持和自我检查，所以，哪怕她的人生计划再完美，她的行动和脚步永远不会带着她走向终点。而张艳，她懂得付出、懂得等待，在机会到来时能成功地把握住，从而实现了自己的人生目标。

常常会听到各种各样抱怨的声音，如为什么升职的人是那个不起眼的她？为什么一个高中生居然做到了高管？看起来她又傻又笨，为什么领导会信任她，是不是用了美人计？可是，在这些疑问面前，却从来没有人看到人家背后的努力。

比如一位新升职的地产策划师，当她接到新楼盘的策划案后，多方寻找资料，多次实地考察，最后确定文案方向；为了进一步完善文案，她总是泡在办公室里，修改、更换、再修改；预算有缺口，没有一个人敢向总经理明示，只有她，做出详细的说明书，让总经理有了更多的了解和准备。当周围的同事们还陷于迷茫时，她早已为自己的职业生涯交上了一份满意的答卷。

能够让公司走向更好发展的员工是每一家公司最受欢迎的人才，当某些人还在感叹自己在职场中不能得到进步和重用时，与其把时间花在抱怨上，不如静下心来，仔细思考：人生中，最重要的东西是什么。

2 不要用刻薄夺走了女人的温柔

她觉得生活是亏欠自己的。

十岁，她的哥哥和朋友抢劫，虽是那位朋友杀死了对方，哥哥因是共犯也一同被判了死刑。在哥哥没有判刑之前，家里虽不富有，但也称得上小康。哥哥的宣判书下来后，她和父母成了街坊邻居躲避的对象。无论她走到哪里，似乎都有一个隐形的标签：她是杀人犯的妹妹。这种情况一直到她工作后才慢慢改变。

她工作的那个年代，还实行顶职这项福利，她的母亲退休后，她就顶母亲的职进了母亲的那家单位，妹妹，则顶替了父亲的职位。临上班前一天，母亲告诉她："这个世界就是弱肉强食，你不狠，就等着被人家欺负吧！"

对于母亲的这种看法，她是不信的。

单位由于工作任务多，经常要求加班。同一个组的同事每到周六加班的时候，都请她帮忙替一次班，她每次都同意了。因为她觉得自己除了工作，也没有其他的事情需要去操心，帮助一下同事也挺好的。

一次、两次下来，同事们都觉得这个小姑娘好说话，于是，有事没事同事都请她帮忙顶班，当然，同事们也会从家里带一些吃的、用的送给她，对她表示感谢。每个周末她都是在单位中度过的，大家都夸她是个勤快的好姑娘。周围人的友善让她变得渐渐自信了，她觉得这样生活很好。

结婚生子后，她再也没有多余时间去帮同事们加班了，由于孩子小、家里琐事太多，她自己也没有时间去加班了。于是，她就请过去她帮助过的同事帮她加个班，但出人意料的是，没有一个同事愿意帮她加班。

自己毫无怨言地帮助别人，为什么得不到相等的回报？她想不通！母亲对她说这就是现实，人家需要你时，你是有用的；人家不需要你时，你就是没用的。也就是从那天起，她的心里开始长出了一根刺。

她不再帮助任何同事了，在她看来，那些人是不值得她帮助的。一次，轮到她和另外一位同事给工地送水，换作以前，她一点儿都不在意自己送十瓶，对方只送五六瓶这种情况。可是，这一次，她觉得做得多也不会得到相应的肯定。于是，她也只送了五瓶水。同事向领导反映了这件事，领导知道后，竟然让她写检讨！检讨写完了，领导还让她在会上朗读，当她站在台上面对那么多人朗读的时候，心里充满愤怒。

一次，又轮到她和那位同事一起送水，她依然只送其中的一半，还提醒那位同事少做一些伤害人的事情。结果她又被领导惩罚写检讨。写完检讨后领导不仅扣了她一个月的奖金，而且要求她加班。回家后，她痛哭着把发生的一切告诉了母亲，母亲告诉她，这个世界就是这样，你弱他就强。还对她说，刚上班的时候，就告诉过她如果太善良，就会受欺负。

从此以后，她心里的刺越长越大，不再认为善良和勤劳是立足之本，开始以拿捏同事的短处为自己立足的根本。不找不知道，一找吓一跳。她发现所有的同事都有属于他们的小算盘，这个可以把单位的茶叶饼干拿回家，那个可以虚报出差补贴，还有那位动不动就给领导打小报告的同事原来和领导有一腿！发现了这么多人的秘密，她暗中沾沾自喜。从此后，一旦有哪位同事因为工作或其他的事情对她有意见，她立刻就动用“秘密武器”反击。按理说，这种行为是很不遭人喜欢的，可从此她工作顺风顺水，没有人敢得罪她，没有人敢把她调到其他部门。她深刻体会到了母亲说的那句话：强者生存。

部门换领导了，新领导把她从原岗位上换了下来，接手她工作的同事性格小心谨慎，她很瞧不起这位胆小怕事的新同事，想不通为什么新来的领导会放弃自己，选择这样的人？她越想心里越不服气，于是把自己一腔怒气发泄到同事身上，处处刁难她，直到那位同事被调走。

知道同事被调走的消息后，她快乐极了。那一晚，她对着镜子化了妆，她惊讶地发现，自己变成了一个高颧骨、满脸戾气的女人。这是她吗？原来她以为赢来的一切却是这样的结果，可她依然认为自己所得到的不幸福、不快乐全部是生活欠她的。

小叶工作的时候父母全部退休了。她的工作是父亲舍弃自尊求原单位的领导安排的，是一份装配工工作。装配工本来是男工做的事情，可是小叶没有高学历，只能从事这样的工作了。

好在小叶的师傅和同事都很好，重体力活都不让她干，她的任务大多是帮同事拿工具、打扫卫生。可是小叶不希望自己的人生就这样平淡如水。工休的时候，小叶参加了成人夜大的学习，她希望通过努力改变自己的命运。

小叶的文笔不错，负责宣传工作的领导希望她能到自己的部门工作，为此这位领导到小叶工作的部门了解情况。她的车间主任的女儿同样做装配工。当他知道这个消息后，心想：自己的女儿尚且得不到这样的机会，小叶凭什么得到？于是这位领导告诉宣传部门的领导，小叶工作出色，希望她能继续留在这个部门工作。

半年后，小叶才从同事那里知道曾经有这样一个可以改变她命运的机会。但小叶并没有觉得可惜，反而认为时机不成熟。可是机会错过了就错过了，即使以后小叶有了学历，也没有去宣传部门的机会了。

小叶做装配工一做就是十年，她也曾失望过，可是她一直记得罗曼·罗兰的一句话："世界上只有一种英雄主义，就是在认清生活真相之后依然热爱生活。"小叶还把庄子当作自己的榜样，她说庄子当年也做过保管员工作，这并不妨碍他成为中国文学史上的大家啊！小叶是这样想的，也是这样做的，她把自己所能用的时间都拿来写作了，直到某一天她成了一名小有名气的作家。这时，去不去宣传部门对于小叶来讲已经不是什么人生大事了。

每一个人在职场和生活中都会遇到各种各样意想不到的困难和挫折，可是，人都是要成长的，也都会在失败中找到正确的成长方向。与其成为被打倒的失败者，不如用坚持和憧憬慢慢修炼自己的内心，只有自我成长了，才能更好地行走在人生道路上，真正成为掌控自己人生命运的那个人！不要因为生活曾经亏欠过自己，就用刻薄做武器伤害他人，失去自己原本拥有的美丽与芬芳。

3

别把宽容当作软弱

王阿姨是我们这个小区有名的老好人。据说这位王阿姨经历坎坷，吃了不少苦，但是，在她温和的笑脸上看到的都是温暖。

王阿姨年轻时是个大美女，看过影片《三笑》的人都不会忘记那位演秋香的女演员陈思思吧，王阿姨和陈思思长得很像，被人们称为“厂花”。

王阿姨在火柴厂工作，工作环境可以用脏、乱、差来形容，王阿姨的美丽给那片灰蒙蒙的地方带去了一丝亮丽。恶劣的工作环境没有打击王阿姨爱美的天性。每天下班后，她的长头发上不是扎个头纱就是梳个马尾。工友们看到年轻美丽的她，都会笑着跟她打招呼。

王阿姨的声音悦耳动听，不论她唱歌还是朗诵，都如同一股清泉，让人难忘。一次，王阿姨参加单位的节目演出，当她穿着黄色长裙在舞台上表演时，台下时不时会响起口哨，小伙子们都用这种方法表达对王阿姨的喜爱。

也就是这次演出，王阿姨被一位年轻小伙子看中了。这位刚从大学毕业没多久的年轻人，除了请人说媒之外，还亲自向王阿姨表白，面对这位年轻、英俊、又年轻有为的小伙子，王阿姨心动了。

一年后，那位年轻人离职去了南方，王阿姨也有好长时间没有到单位上班了。有人窃窃私语说王阿姨长得虽漂亮，但是个傻瓜——未婚先孕！听到这个消息，喜欢王阿姨的人为她感到惋惜，不喜欢她的人就幸灾乐祸，说她想攀高枝没攀上，不尊重自己。所有的人都以为王阿姨不会回单位上班了，毕竟这是一件丢人的事情。

半年后，令人吃惊的是，王阿姨又回来上班了。面对众人的指指点点，王阿姨权当没听见没看见。后来有人说王阿姨的父亲中风瘫痪在床，或许是因为家里家外都须她拿主意，才让王阿姨不得不勇敢地面对这一切。

回来上班后，王阿姨成了所有人眼中被鄙视的对象。没有人知道王阿姨到底得罪了谁，只知道她周围很多人以当面羞辱她为乐。很多次，王阿姨的脸涨得通红，可是她不能分辩，因为分辩会招来更多的嘲讽。

有一次，王阿姨的同事到文化宫玩，在一场时装秀上，那位同事惊讶地发现王阿姨也在走秀。那粉蓝相间的旗袍穿在王阿姨身上，简直就如同一幅画。同事看傻了眼！可第二天上班时，这位同事却添油加醋说王阿姨露胸露腿，那神色要多鄙夷有多鄙夷，可目光里却赤裸裸透露着羡慕。

有人开始向领导说王阿姨行为不检点，道德品质差。因为这些报告，王阿姨被安排上落后职工学习班，学习完后领导把她安排到更差的地方去工作。那个时候所有人看王阿姨的眼光都带着仇恨和戏弄，可王阿姨从来没有在意过，她坚持着自己的处世之道。

那个时候一旦遇上时装演出，王阿姨总能获得走秀的机会，王阿姨把握住了机会，在一次模特比赛获得一等奖后，她果断地递上了辞职信。

后来，断断续续仍然有王阿姨的消息传到原单位，比如她参加模特比赛得了奖，比如她参加了服装设计班的学习，比如她在服装城开了一家服装店，生意非常好。从这些消息中，人们还知道王阿姨请专人照顾她的父亲，她嫁给了一位大学老师，住进了现在的小区。很多人知道了王阿姨的故事，可是，没有一个人再用嘲笑的眼光看待她，因为一个坚强认真生活并做出成绩的女子，是值得人欣赏的。

王阿姨成了火柴厂的一个传说，不管人们怎样议论王阿姨的过去，都无法掩盖王阿姨的风采。王阿姨开了一个模特培训班，前来上课的女孩不少，有的还是过去贬损、笑话王阿姨同事的孩子。王阿姨对前来学习的女孩子一视同仁，她带的这些女孩子中还有人得了新星奖。谁又敢说，在王阿姨这个班上，不会出现一个中国新超模！

王阿姨说，曾经的她一次次原谅那些在她最困难的时候打击她的人，但那些原谅和宽容并不是因为软弱，也不是因为怕事，是因为把时间花在一些根本不能改变自己命运的事情上，让她觉得是最不值得的做法。宽容让王阿姨在黑暗和痛苦时看到了光明和美好，正是这些光明和美好，让她迎来了属于自己的人生。

和王阿姨不同的是，韩宁的父亲是火柴厂老职工，韩宁是乖乖女。她考取了大学，并在大学毕业后没多久，就和老公一起到国外留学。那个时候，谁都觉得韩宁是人生大赢家。可是没有人知道，在韩宁看起来美好人生的背后，却有着让人想象不到的艰难。

俗话说：“在家靠父母，出门靠朋友。”韩宁夫妻两人初到国外，根本就没有朋友，在异国的天空下，他们是彼此的依靠。随着带去的钱越来越少，他们决定出去找工作。所有人都认为只要努力，就可以获得好的人生。可是，在异国，没有工作经验，就没有人帮你写推荐信，就不可能获得好的工作机会。

韩宁的丈夫先找到了工作，他的踏实能吃苦给他的上司留下了深刻印象，所以，当他请老板帮助韩宁写一封工作推荐信时，老板毫不犹豫答应了。有了这封推荐信，韩宁才获得了 个工作机会。

韩宁的工作是照顾一位残疾人，吃喝拉撒全部由韩宁负责，不仅工作辛苦，薪水也低。韩宁过去一直是学校的好学生，家里人对她也是百般呵护。可是，现在她竟然成了一位侍候残疾人的保姆，还要每天喂饭、擦身、倒便盆。一开始，韩宁很难接受这个现实，可真实的生活让韩宁明白，这份工作可以解决她和老公的吃饭问题。在生存面前，她没有选择。

唯一让韩宁感到庆幸的是，这位残疾人米尼虽然生活行动不方便，却是一个善良的人，他不仅给韩宁小费，还给韩宁另外介绍了一份专卖店店员的工作。韩宁问米尼为什么要帮助自己，米尼告诉她，如果一直在这里做下去，韩宁不可能打开自己的职业前景。因为这件事情，韩宁和米尼成了好朋友。

米尼给韩宁介绍的专卖店在当地最有名的商业街上，和韩宁一起工作的是当地一位中年妇女。中年妇女不喜欢韩宁，因为从学历和品性上讲，韩宁对这位中年妇女都是极大的威胁。韩宁根本就不知道人家心里的想法，她以为只要真诚相待，中年妇女便会如米尼一般伸出友爱之手。

韩宁工作不到三天，那位名叫帕蒂的中年妇女就指出韩宁各种不合规范的行为五十次，内容不外乎微笑不达标、手势不对、语气不温柔，等等。当经理找到韩宁指出这些问题时，韩宁才知道是帕蒂在老板面前打小报告。对于帕蒂的这种行为，韩宁按照中国人的传统方法去解决：宽容，原谅，友善，严格要求自己。可是韩宁这样做并没有让帕蒂心怀愧疚，反而让其认为韩宁好欺负，于是开始规定韩宁去洗手间的时间，甚至还做出跟随韩宁进洗手间的事情来！

一天周末，韩宁正在接待前来买东西的顾客，或许是韩宁的笑容太亮眼，让帕蒂看了不舒服，她大声斥责韩宁为什么没穿袜子就开始工作！面对顾客的愕然，韩宁感到羞辱与愤怒。她忍无可忍拉着帕蒂去找经理，当面指出帕蒂不用心销售产品，处处找同事的问题。帕蒂说韩宁没穿袜子就工作，不适合在这家店工作。当韩宁从脚上脱下肉色袜子时，帕蒂依然强词夺理说这种袜子不达标。听帕蒂这样说，经理主动站出来批评了帕蒂。

从经理办公室出来，帕蒂还是不服气，她不断说韩宁这不好那不行，以表达她的优越感。这时韩宁一字一顿地对帕蒂说，下次再发现她这样无理刁难，绝对不会原谅她！韩宁略带狰狞的形象吓住了帕蒂，从那以后，帕蒂变得老实了。

在中国的传统教育中，常见的有谦让、宽容、和为贵等处世方法。老祖宗的用意自然是好的，可是这些要用在具有相同人生观和相同教育背景下的人群中才能发挥作用。宽容从来就不是软弱，也不是被他人绑架的道德规范，在这个世界上没有任何人可以用宽容这个词绑架他人的人生！

4

优雅的女人最美丽

她是一名世界冠军，嫁入了豪门，她可以戴从地摊上买的几角钱的发箍，也可以接拍广告，身着长裙优雅地出现在公众场合。她的微笑是沉静的，她算不上美女，但是没有人可以忽略她的美。

小时候，她的父母为了让她拥有一个健康的体魄，送她参加体育锻炼，可是，她和父母都没有想到，这样一个简单的初衷，却培养出一位优秀运动员。

五岁的时候，她参加了跳水训练。跳水运动是一个集美与力量于一体的运动，她的身体伸直后，膝盖和脚尖却达不到一条线的标准。为了让她突出的膝盖骨变平，她的爸爸必须坐在她的腿上强行压她的腿。每次压腿时，她都会疼得冒汗珠，母亲心疼她不想让她练跳水了，可令人吃惊的是，她坚持了下来。

十一岁时，她到南京参加集训，标准的动作，完美的形体，还有已隐隐散发出的自信和勇敢，让中国跳水队教练于芬刮目相看。于教练问她想不想来国家队？她果断回答想！就是这一个“想”字，让她走向了另一个开始。

在名师的培养下，她慢慢在跳水界中崭露头角。十三岁时，她获得了全国跳水锦标赛女子十米台和三米板的金牌。十五岁时，她代表国家队征战亚特兰大奥运会。因在十米跳台最后一跳中发挥失误，她与冠军失之交臂。

从亚特兰大回国后，她从过去兼顾跳台和跳板变为专攻跳板。不幸的是，在训练的时候，她的腿摔骨折了。她受伤的时候是1996年的12月，而1997年10月就是全运会，直到1997年5月，她的伤才慢慢恢复。恢复没多久，她就投入了训练。全运会预赛期时，她还只能拄着拐杖看比赛，没有谁会相信她能在这次比赛中取得好名次，可她竟然获得了全运会三米板的亚军！这个成绩不仅见证了她的优秀，更见证了她骨子里的那股拼劲！

2000年，她代表国家队参加悉尼奥运会，这是她第二次参加奥运会，这一年她十九岁。这一次，她希望自己能发挥正常，取得最好的成绩。但这次她只获得了银牌，因为那个时候，是伏明霞时代。

悉尼奥运会后，她又一次站在三米跳训练板上，一次次的打击和失望锻炼了她的心志，这一次，她对自己说，不再为成绩而努力，只为自己而努力。她用勤奋书写着自己的人生，一次次训练，一次次翻跟头，一次次跳跃，一次次入水。勇敢地朝着她人生目标前进。

2004年，雅典奥运会，她终于如愿以偿获得了金牌，升国旗时，她的眼睛红了，那是实现愿望后欣慰的泪水。

她就是中国优秀跳水运动员郭晶晶。人们对运动员的印象始终是硬线条的，而她却是个例外，在她拍摄的志邦厨柜广告中，展现出女性的典雅与温柔。没有人能否认她的美丽，她早已用自己的沉静、勇敢、坚持诠释了女人有关优雅的另一面。

体育竞技场上，每一位冠军的成功之路都洒满了努力的汗水。他们会因不同的原因离开赛场，也会因为种种原因不得不重返赛场。

丘索维金娜，出生在乌兹别克斯坦，七岁开始练体操，十六岁时，代表独联体队赢得了世锦赛的自由体操个人冠军和团体赛冠军。十七岁时，代表独联体获得了奥运会的团体金牌。

2002年退役后，她三岁的孩子被查出白血病。为了治疗孩子的病，她和丈夫变卖了家里所有能变卖的东西，可却得到当地医院无奈的通知：他们现有的医疗条件，治不好她儿子的病。好心的医生建议她带孩子到其他国家去治疗。

丘索维金娜一家筹集了所有费用到国外给儿子治病，可高昂的医疗费用始终是一座攀不过去的大山。她和丈夫想来想去，觉得只有重返体操界才能为儿子筹集医药费。这个时候，德国体操界向她伸出了橄榄枝，为了孩子，她选择了复出，那一年，她二十八岁。

二十八岁，对于一名体操运动员来讲，早已不是黄金年纪，再加上几年没有经过系统训练，丘索维金娜面对的不仅仅是高昂的医疗费用，还需要恢复体能和技巧。为了孩子，丘索维金娜必须从头再来，以获得更多的经济收入。

良好的基础让她很快进入了竞技状态，并在2003年获得了世锦赛跳马金牌。从此以后，在体育赛场上常能看到她的身影。她一边训练一边参赛，一步步依靠自己的力量带着孩子勇敢向前走。

从2003年开始，丘索维金娜获得了一系列令人敬佩的成绩单，三十三岁时，获得北京奥运会跳马银牌，三十七岁时，获得伦敦奥运会跳马第五名，三十九岁，获得韩国仁川亚运会跳马银牌。

这些成绩的背后，不仅有一个母亲对孩子强烈的爱，也有一个优秀运动员绝不认输的拼搏精神。

2014年比赛完后，丘索维金娜决定参加2016年里约奥运会，从而成为世界上唯一一位参加过七届奥运会的女子体操运动员。她儿子的病已经治好，这一次，她只为自己、只为体操而比赛。

女人的优雅不仅仅是穿着普拉达，戴着昂贵的首饰，化着精致彩妆品尝着咖啡，而是无论在什么时候都能把握自己的人生节奏，不会因为困难和挫折束手无策，也不会因为痛苦而失去方向，而是在冷静中寻找方向，成为最优秀的自己。

5

想要爱，先学会爱自己

何蕊蕊是平面模特，在她五岁的时候，妈妈就去世了，不到两年，爸爸又娶回了一个新妈妈。一年后，妹妹出生了，爸爸、妈妈所有的注意力都放在妹妹身上，对何蕊蕊关注较少，小小的蕊蕊从那个时候起就觉得自己是多余的。

为了得到父亲的关爱，何蕊蕊常常把家里的一些小玩意，比如闹钟、扫帚这些东西弄坏，以此引起父亲的注意，得到她渴望的关注。可是，这种变相的关注毕竟是少数，很多时候，她还是生活在一个人的世界里。一天天长大的她总认为自己不够听话或做得不够好，所以爸爸和继母才不喜欢她，可是不管她怎样努力，结果依然如此。

初二的时候，蕊蕊喜欢上班里的一位男同学，因为那个男同学有时帮蕊蕊停放自行车，这是第一个主动关心蕊蕊的人，蕊蕊开始把自己所有的注意力放在那个男生身上，似乎只有从他那里才能找到自己存在的意义。

一天放学，那位男生的妈妈找到了蕊蕊，提醒她应自尊自重，不要小小年纪就想着交男朋友。不管那位阿姨说话的声音多么温柔，蕊蕊还是感到了那种被讨厌的感觉，她和那个男孩子接触，不过是想从那个男生身上得到她一直想要而得不到的关爱而已。

从那以后，蕊蕊拒绝和任何同学交往。大学毕业后，她直接去了一家影楼工作，走上了平面模特的道路。

工作后，蕊蕊交了几个男朋友，结果总是以失败告终。每次恋爱，她都以男友的需要为第一，可结果还是分手了。蕊蕊从小就缺少爱，也没有人告诉她怎样去爱，她一直是凭着自己的本能去爱，可她这种毫无自我的爱往往不会被男人珍惜。

蕊蕊其实是值得男人好好爱的女孩子，她自尊，独立，爱生活，爱工作，唯一的问题是她不懂得怎样去爱别人，怎样爱自己。一个人首先要肯定自己、珍惜自己，才懂得什么是爱。

获得幸福的基础在于认清自己，而不是以成全他人换得自我的肯定。历史上曾有这样一个故事，唐太宗李世民的夫人长孙皇后，贤淑温良，为后人所敬仰。唐高宗李治的王皇后一直以长孙皇后为榜样，却没能留住李治的心，才会有后来的武媚娘乘虚而入的故事。在爱情和生活这样的命题中，女人不是贤淑就能够得到丈夫的尊重和爱。女人的自我肯定才是决定她人生幸福的关键。

在男女享受同等教育、同等工作机会的现代社会，那种把爱情和婚姻当作人生唯一的年代早已过去了，当今社会的女性独立、自尊，靠自己争取幸福。正因为如此，才会有越来越多的女人活得更像自己。只有先学会爱自己，才会懂得爱他人，才不会让自己处于被动爱的位置。

邻居小周，因为家里穷，父亲生病住院时连住院的钱都交不出来。年轻的小周主动找到当时被称为“土财主”的雷家，表示愿意和雷家的小儿子确立恋人关系。在此之前，雷家的小儿子向小周表达过爱意，可那个时候，小周根本就不喜欢这个比自己还矮的男孩。当小周成为雷家小儿子的准媳妇时，小周父亲住进了医院。

老周一直后悔当年的这个决定，他知道自己的女儿是拿终身幸福换父亲的健康，可是这一念之差，却给小周带来一辈子的痛苦。嫁到雷家的小周，没有过上一天舒心的日子。在雷家看来，她和一个买来的东西没有多大区别，不到四十，小周就变得佝偻瘦小，完全没有了当年的水灵和美丽。

这个世界上没有谁能够用其他名义剥夺一个人的幸福，每个女人都应该懂得，幸福从来不在他人手中，而在自己手中。学会爱自己，经营自己，就是女人对自己最有力的保护和赞美。

6

不动声色，不是隐忍

女友小菲的爱情故事既简单又复杂，简单的是她的老公是在读书时认识的，她从恋爱到结婚完全是一站式；复杂的是老公研究生毕业到外地工作不到半年，便要求离婚。无论小菲怎样挽回，她的老公仍然选择离婚。

小菲后来告诉我们，在那场婚姻保卫战中不可能有什么自尊和女性的独立，她只想他留下来，哪怕每一次放弃自尊的哀求得到的仍然是拒绝。婚姻保卫战过后小菲的生活一片狼藉，心都碎了。祈求换不来想要的生活，反而会在痛苦的顿悟中明白，无论在什么时候、什么状况，爱仍然需要自尊，不需要隐忍。

曾经理想的爱情，是两个人甜蜜地牵手走到一起，直到白发苍苍。可是有些爱情，却走不到终点。有一部短片，讲的是一个很老土的故事。事业有成、英俊帅气的男人，堂而皇之在婚姻外有了新的恋情，美丽的妻子知道了丈夫的背叛，却还是每天用最甜蜜的微笑送老公去工作。她独自一人在家的时候，却哭得稀里哗啦，而当老公回家的时候，她又换上了最迷人的微笑。

对于她这种行为，该作何解释呢？第一种说法认为，她是为了维护自己的家庭，维持现有的生活状态；第二种说法认为，她依然爱着老公，所以选择原谅。细细推敲这两个理由，都可以感受到女人心底的痛和那份无奈。

假设是第一种情况：为了维持婚姻的完整，采取隐忍的方法保持现有的平静。这种人前带笑人后哭的隐忍换来的平静，从头到尾都是悲伤和虚假的。

假设出现第二种情况，爱着的人心里已经有了其他的人。此时这段情感已与甜蜜没有半毛钱关系了，带来的只会是更深的伤害。

那些变了味的东西留在自己身边其实没有多大实际意义，既然如此，要学会正视现实，接受现实，帮助自己重新塑造一个崭新的自己。著名演员林青霞和秦汉的爱情结束时，她送给自己十二个字："面对它，接受它，处理它，放下它。"这十二个字带着她走出了人生的低谷，拥有了现在平静而满足的生活。

生活中的绝大问题，归根到底是出在自己身上。如果自己足够强大，爱情不过是生活中美好的点缀品；如果自己足够智慧，便会拥有让自己快乐的生活。不动声色，不是隐忍，而是从容放下。

爱情是一个人一生中最重要的情感之一，可是，不能因为某些生活上的原因，就装糊涂或者委屈自己。世界上没有哪一种爱情是靠委屈成全的，也没有哪一桩婚姻是靠让步和装糊涂获得幸福的，真正爱你的那个人从来舍不得让你哭、让你委屈，也从来不会把你推向孤寂的世界。

不要期待从不懂爱的那个人身上寻找安全感，生命中需要爱的伴侣，但却从来不需要欺骗，与其为不属于自己的那段情感难过，不如重新做回自己。这个世界那么大，健康快乐的你一定会遇上那个最适合自己的人。

在所有女性潜在的心理中，都把婚姻当作自己人生的全部，也会把男人当作自己的依靠，可这也恰恰是现代女性生活中危险系数最大的两种思想。过去的女人是因为经济不独立才依附于男人，男人承担着养家的重任。过去男人负心，女人会因为没有依靠而软弱地哭泣，而现在，男女同酬，有经济作后盾，还有什么值得担心放不下的。

一个女孩子从小受到的家庭教育大多是要求女孩子做到温柔、宽容和隐忍，可是，当受这些教育成长起来的女孩子走进职场、走进婚姻，才发现原来所接受的处世之道完全没有市场，面对职场和家庭出现的问题，她们往往束手无策。你温柔，人家说你软弱；你勤劳，所有的家务事由你一人承担。到了最后，不得不发出这样的疑问：女人到底要怎样适应、怎样处理这些在教科书中没有出现的问题？

女人的温柔不是获得幸福的关键，这些美好的性格只能证明这个女孩子的修养，但这些绝对不是女人安身立命的根本。因为，幸福的开关如果放在别人手中，不可能获得真正属于自己的人生。现实有时尽管凉薄，但也真实，这份来自生活的真实让女人们渐渐成长，并懂得始终把握住自己的人生走向。不软弱，不固执，不媚俗，在这个时时充满变化的世界里自尊自信地行走，因为，她们的强大和笃定是让她们获得幸福的力量。

7

阅读是永远的朋友

朱朱是朱老三的心肝宝贝，朱老三是一条街上有名的暴脾气但又心性好的人。朱老三身体一直不好，四十岁才有了朱朱这个宝贝姑娘，自然把朱朱宠到天上去了。

朱老三最大的梦想是把朱朱培养成一位淑女，让朱朱拥有美好的人生。对于寒门朱老三的这个心愿，只有一条路可以实现，那就是读书。可是朱老三对朱朱的宠爱，让朱朱并没有觉得读书有多大的用处，吃的，家里有；玩的，她也不缺。父母又是那么慈爱，对于朱朱来讲，这样的人生已经很完美了。无论朱老三怎样告诉朱朱要努力读书，朱朱都无动于衷。

一次，朱老三帮朱朱争取到参加外校的考试机会，可是朱朱根本就没当回事儿，考试前一天，还在和同学疯玩，自然就没有被录取。朱老三把朱朱一顿臭骂，可骂完后，他该怎么宠朱朱还怎么宠朱朱。朱朱对父亲为她好不容易争取到的机会根本就不在意和珍惜，她以为明天的世界和今天没有多大的区别。

朱老三在单位上班的时候，从五六米高的机床上掉下来，摔成髋关节骨折。由于医疗条件差，朱老三在床上整整躺了半年多，等他能下地走路时，才发现自己的左脚比右脚短了一截，从此，朱老三不再是那个能干的“风火轮”了。

单位照顾朱老三，安排他去守大门，可朱老三心里最放心不下的是他的宝贝朱朱。深思熟虑后，他果断决定退休，让朱朱顶职进了他工作的这家单位。

朱朱被单位安排做机床工，第一天上班，朱朱的那份高兴就消失得无影无踪：原来机床工是要站一整天的，而且周围人都没有把朱朱当作小孩子来看待。

朱朱一直生活在被关心、被照顾的世界里，突然进入这个没有人告诉你做什么、怎么去做的世界里，她第一个反应就是迷茫。她第一次学会问自己，以后的人生就是这样吗？怎样去改变才能生活得更好？

望着日渐苍老的父母，朱朱终于明白，以后的人生绝对不能这样将就，她试着寻找各种改变的可能。她想，论长相，自己很普通；论身高，自己中等；论能干，自己谈不上；论家庭出身，只是普通职工之家。这样想来想去，朱朱没有找到任何改变自己目前生活状况的东西。最后，她想到了朱老三常说的文化知识——读书。

有了这个想法之后，朱朱就开始行动了。星期天，她会骑着自行车去新华书店，挑选各类书籍，哪怕是晦涩难懂的专业书，她也买回来，一句一句阅读，一句一句分析理解。为增加理解力，她还背诵古诗看短文。在书本的陪伴下，她发现原来生活是充满阳光和希望的。

几年下来，朱朱由于阅读，她的思想和认识都发生了很大变化，她看到了更为广阔的天空。当她成功进入一家文化公司做文员时，她知道生活给她打开了另一扇门。

那天，朱朱背着小包穿着职业套裙走出家门时，朱老三看着心肝宝贝逐渐远去的背影，脸上露出了欣慰的笑容。

阅读的影响是巨大的，它可以改变一个人看世界的态度，可以帮助人们实现人生理想，改变自己的人生命运。

何香香五岁的时候，妈妈改嫁了。香香妈妈嫁的那个新爸爸是个将近五十岁的中年男人，香香妈妈选择他的唯一原因是他家里有一幢两层楼高的房子，这在当年的农村算得上是一户好人家。

这个被香香叫作爸爸的中年男人和香香记忆中的那个爸爸不同，他不会打妈妈，反而会带着妈妈和香香到县城的公园玩、去看电影，还会给她们母女俩买新衣裳。妈妈脸上的笑容渐渐多了起来，看见妈妈高兴，香香也觉得这样的生活真好。

快乐的日子并没有持续多久，一次去地里割稻谷，她的后爸倒在田里就再也没有醒过来。后来，那幢两层楼的房子也被后爸的兄弟要走了。香香的妈妈带着香香住进了一间又黑又旧的老木屋里。村子里有人给香香提亲，说香香嫁人就可以过上好日子了。

给香香提亲的不止一家，香香不想嫁人。香香把自己的想法告诉了妈妈，可妈妈却说一个姑娘家，又能怎么样呢？对于妈妈这样的想法，香香通过书本来寻找方法。无意中她读到杨澜写的一段话：“有人会问，女孩子上那么久的学、读那么多的书，最终不还是要回一座平凡的城，打一份平凡的工，嫁作人妇，洗衣煮饭，相夫教子，何苦折腾？我想，我们的坚持是为了：就算最终跌入烦琐，洗尽铅华，同样的工作，却有不一样的心境，同样的家庭，却有不一样的情调，同样的后代，却有不一要的素养。”

这段话深深震撼了她。香香渴望不一样的人生，她不想自己以后的人生如同妈妈一样。香香曾经看过妈妈年轻时的照片，青春而美好，只因为她嫁给了有暴力倾向的爸爸，妈妈的人生才变成这个样子。阅读增长了香香的见识，让她看到了不一样的世界，从此，香香很爱看书了。

香香没钱买书，每次她都是找同学借书看，同学也很爱看书，有什么好书一定会留给香香。因为这位同学，香香读了不少世界名著，有勃朗特姐妹的《简·爱》《呼啸山庄》，有简·奥斯汀的《傲慢与偏见》，还有路遥的《人生》和《平凡的世界》，这些书让香香的人生观发生了巨大变化。她最喜欢读《简·爱》，也喜欢简·爱这个人物，她想简·爱这样一个孤女都可以过自己想要的人生，自己为什么不行呢？因为简·爱，香香也想成为一名老师。

妈妈对香香的想法虽然支持，但觉得那是一个遥不可及的梦想，但是香香却知道，只要考上了大学，这个希望就实现了一半。妈妈担心学费，香香说，只要有双手，就不怕。那是一段最艰难的时光，几年中，香香和妈妈没有买过新衣，吃的是最简单的米饭和青菜，养的鸡和猪都要拿到市场卖掉换钱。

妈妈用这些钱供香香上了高中、上了师范大学。在大学里，香香仍然是那个最刻苦和勤俭的孩子。功夫不负有心人，毕业后的香香终于实现了她的人生理想。

业余时间，香香还写一些文章，她写她的童年，写她母亲的命运，写她阅读时的心情，写她成为一名老师后的喜悦。在一篇文章里她写道："看着自己面前那一双双纯净的眼睛，他们的明天应该是美好的，因为读书是一件令人幸福和感动的事情。"

后来，香香把她的母亲从乡下接过来开了一家副食店，那对曾在命运中挣扎的母女终于过上了安宁平静的生活，而这一切的开始只源于何香香读到的那一段话。

没有谁的人生是充满鲜花和喝彩声的，面对痛苦与泪水，不要哀叹也不要放弃，当找不到答案的时候，不妨把自己的时间交给阅读，因为阅读，你的人生从某一天开始就会变得不同了。

8 你的努力终将美好

当小美兴冲冲地敲开省城大姨的家门时，期待的笑容变成了冷冷的“你来了”。小美明白自己不受欢迎，可是，她已经放弃家乡所有的一切，她没有退路。

小美在家乡处了一个男朋友，男友是小美的同学，家境很好。当时两人谈恋爱时，没有涉及门当户对之类的要求。等小美工作以后，才知道自己和男友之间差距大，起点不在同一高度上。

当她再见到男友和其他女孩在一起的时候，她一点儿都不意外，她知道这一天迟早会来。厚道老实的父母要小美认命时，小美哭了。她哭的不仅仅是生活的真实，更哭的是自己的无力改变。

小美上班的地方是一个旅游景点，每天她总能见到来自全国各地的游客，有很多游客和她年纪相仿。看着那些同龄人，她对自己说，为什么不尝试改变自己呢？她回家把自己的想法告诉了父母，父母商量了几天，同意了小美的选择。于是，便有了开头的那一幕。

小美很快找到了工作，可是，这样的结果并不是小美所希望的，她希望自己能走得更远、走得更好。当她踌躇满志准备开一间小店的时候，表哥却要结婚了。表哥结婚意味着大姨家没有多余的地方供她居住了，小美就在外面租了一间房子。大姨对小美从家里搬走有些抱歉，小美却没放在心上。她知道，大姨不是刻薄之人，只不过是因为生活所迫而已。

从大姨家搬出来后，小美白天上班，晚上摆地摊，她艰难而快乐地开始着自己的改变。

三年后，小美有了属于自己的小店，也交了男朋友，两个人携手打造他们的明天。当过去的朋友们知道小美在省城买了房，老公是某公司的技术男时，没有不羡慕的，可是，却没有人知道小美为了这一天付出了什么，她曾经坐两个小时的汽车去进货，每天睡眠时间不超过五个小时，也曾和城管打游击，为每个月的租金发愁，所有的辛苦付出，才换来这一片艳阳天。

很多时候，人们欣羡他人获得的成功，却从来没有关注他们背后的努力和付出，要想获得自己想要的成功，必须勤奋努力，这样才能让你的生活从容美好。

薇薇安是一位名副其实的美女，当初进公司她的颜值给她加了不少分，可是，她的女领导却不喜欢漂亮的员工。原因说起来很可笑，因为这位女领导的老公喜欢和漂亮的女下属打交道。这位女领导在单位是“霸道总裁”，怎能容这种事情发生？几次与她丈夫交锋下来，没有收到任何效果，于是，她把满腔仇视都发泄到长得漂亮的女下属身上。

本来薇薇安是被另一个部门的领导看中的，可是那个领导升迁了，他招的人就只能安排给这位女领导了。

薇薇安第一天上班便领教了这位女领导的厉害，那天她一进办公室，女领导便要她换掉高跟鞋，抹去唇膏。薇薇安问这些影响工作吗？领导告诉她机关的要求就是简单与朴素，如果不能接受这些，可以找人力资源部门进行解决。薇薇安当真找了人力资源部进行协调，人力资源部的同志悄悄告诉薇薇安，她的工作是单位许多人想做却做不了的，更何况目前单位其他部门都没有要人的需求。

薇薇安没有换掉高跟鞋，抹去唇膏，可是，她的职业之路却从此充满了波折。不管她的文案做得多认真，文件写得多么好，领导总能找出问题。时间久了，薇薇安开始对自己充满了怀疑，尽管她知道领导不喜欢她，可是，太多的负面情绪让她对自己充满怀疑。

和她同期来的，不是升职就是委以重任，只有她，整整十年，还是办公室最基层的文员。她的高跟鞋早已不穿，唇膏早已是上个世纪的东西，现在的薇薇安黑裙、黑框眼镜，不苟言笑，完全是一个标准行政人员的模样，可是，不管薇薇安怎么努力，那位领导依然对她没有任何好感。薇薇安独自一人的时候感到特别累，她一次次问自己，以后就这样过吗？

当薇薇安还在为这个问题苦思冥想时，单位改制合并了，薇薇安首当其冲成为改制对象，被安排到清洁队做卫生。从行政人员转型为清洁工，这对薇薇安的打击不可谓不大。也就在这个时候，薇薇安终于看清了现实。

薇薇安是英语专业毕业的，她的同学们都选择了沿海地区的公司，只有薇薇安希望稳定，留在了这座城市。可结果却是，整整十年薇薇安一无所获。面对这样的现实，薇薇安开始复习英语专业知识，为考英语培训师做准备。背着英语词汇的薇薇安告诉自己，所有的稳定只来自于个人的能力和平台。

苍天不负有心人，薇薇安通过了英语培训师的考试。当她拿到证书的时候，她向原单位提交了辞职申请，开始重新规划自己的人生。三十多岁的她开始像刚毕业的大学生那样挤公交，吃十元一份的盒饭，孩子交给母亲带，她只朝着一个目标努力，那就是重新塑造一个和过去绝对不一样的自己，不被他人决定自己的命运。三年下来，薇薇安变了，她从过去那个随波逐流的小文员成长为培训机构小有名气的培训老师。生活依然无法给薇薇安一个肯定的答复，但薇薇安却不再害怕和迷茫，因为她知道，无论生活再交给她怎样的答卷，她都可以笃定地交上满意的答案。

生活从来都不会辜负勤奋者的努力，只要认准一个目标，用心并勤奋努力，终会获得自己想要的生活。你的努力终将美好！

第二章

CHAPTER

「牺牲永远换不来平等」

传统的处世原则是“和为贵，忍为上”，
可是有时的退让与宽容
并不能换来想要的友善与平静。
在前行的路上，
为了避免不必要的时间消耗，
有人选择了不计较，
希望能感动周围的人，
这种选择注定要付出很多努力。
当牺牲换不来平等时，
要学会适可而止，
不要忘记每个人都有自己需要实现的人生目标。

1

内心强大才有范

万玲玲选择这座城市的原因，是因为她的男朋友大学毕业后留在了这里。按照万玲玲的条件，她完全可以找到比现在男朋友更好的恋爱对象，可是，骄傲的万玲玲从来不屑于用这种标准来评判自己的爱情。在她看来，爱情无关于家庭、无关于金钱，只关乎彼此的相爱和选择。

和万玲玲一起毕业的同学都选择了出国或是继续读书，只有万玲玲联系了一家离男朋友很近的工作单位。万玲玲的好朋友都说万玲玲太早放弃自己了，万玲玲却告诉女友，女人再强大，总有一天还是要回归家庭。面对女友们的沉默，万玲玲认为自己的选择是正确的。

一切如万玲玲希望的那样，她和男友结了婚，买房买车，成为人们眼中的生活赢家。每个人都觉得万玲玲很幸福，可那次同学聚会，万玲玲才发现答案并不是如此。她发现很多同学都找到了自己的人生定位，比如小秦成了最年轻的教授，小李成了组织部部长，小马已经出了好几本新书了，唯有万玲玲十多年下来还是一名基层人员。不仅如此，万玲玲还发现自己的谈话内容和她们也不一样了，她们谈的是各自工作上的事情，她能说的全部只有她的家。

万玲玲的心被触动了，她第一次发现自己失去了很多。万玲玲把自己的想法告诉了老公，听了她的想法，老公很高兴，他觉得万玲玲早就该这样想，早就该改变了。曾经，万玲玲觉得一个女人的全部幸福是家庭，可人到中年，才发现家庭幸福并不是一个女人幸福的全部。从那天起，万玲玲开始思考，怎样改变才能重新做回过去那个骄傲全能的优等生。

论升职，万玲玲已经错过了人生最佳的时机，论专业，也没有过人之处，思来想去，她把目光投向了摄影。因为她是一个摄影爱好者，对于光、影、景物有着他人不及的敏感。

刚开始的时候，万玲玲拿着照相机拍些熟悉的风景和人像。为了拍摄一朵花开，她可以等几个小时，因为摄影，她发现了很多以前她没有注意到的美和生机。后来，她加入了几个摄影群，慢慢地，她的摄影有了自己的风格，一些作品开始见于报刊。每当作品被采用，她心中都有一种无法用言语表达的快乐。随着摄影技术的提高，万玲玲还开了一个摄影班，以招收女生居多。每次开班第一节课，万玲玲总会对学员说："女人只有拥有了自己的世界，才称得上是幸福的女人！"

如万玲玲这般在婚后醒悟的女人很多，J·K.罗琳就是其中一个。大家都知道J·K.罗琳是奇幻小说《哈利·波特》的作者，这位英国女作家因为这部书成为人生赢家，翻看罗琳的人生简历，我们可以发现，她的人生是成功逆袭的典范。

罗琳小时候就喜欢编故事，虽然听她故事的忠实听众只有她亲爱的妹妹，可她仍然喜欢做这件事情。由于这份喜爱，读大学的时候她选择主修法语古典文学。

大学毕业没多久，她的母亲因身患疾病去世，她很伤心，母亲是那么爱她，经常把她写过的故事装订保存。可是人生从来就是这样，不管你有什么样的伤心理由，生活依然得继续下去。

罗琳开始找工作，独立生活。她的第一份工作是秘书，对于这份工作她没有办法从心底去热爱，不久后，她就选择去葡萄牙教英语。在葡萄牙，她闪婚了。这段婚姻没有维持多久，罗琳便独自带着三个月大的孩子从葡萄牙回到了英国。在她最痛苦的时候，是写作的梦想支撑着她前行。回到英国后，罗琳参加了教师资格证的考试，考试费还是她找好朋友借的。生活的不幸没有击倒她，她要勇敢地生活下去。她把自己所能利用的时间都拿来创作，她要用努力证明她的人生是有意义的。

新闻报道中经常出现某某畅销书作者收入过万，可是最开始写作并不是那样美好。罗琳不断地写，不断地投稿，可是一年中她只发表了七篇稿件，其中还有三篇没有稿费。就算是这样惨淡的收获，罗琳也从来没有动摇过写作的念头。

一次偶然的出行，她遇到了一个小巫师，也就是这个小巫师，让罗琳有了创作思路，她想写一个有关小巫师的故事。她不怕写得不好也不怕退稿，她只想把她想到的故事写出来，写给大家看。英国的冬天是那样的寒冷，家里没有暖气，她就到咖啡馆去写。路上想好的一个点子或一段对话，她就连忙记录下来，没有现成的纸，她就写在捡来的小纸片上。她不知道未来会怎样，但她知道如果不认真写作，她会永远后悔。

后来，所有的人都知道了她创作的作品，那就是《哈利·波特》系列图书。罗琳终于实现了她的梦想，改变了她的人生。她不再依赖失业救济金生活，反而开始向慈善机构捐款。

不要怀疑梦想的不切实际，当你认真行走在实现梦想的路上，终究会有触及梦想的那一天，当一个女人从经济和思想上强大后，才能掌握自己的人生和命运，才能成为人们心中的女神。

2

不要用别人的眼光评判自己

一般情况下，大家衡量女性的标准有两种，一种是年轻美丽，一种是嫁得好人家。美丽可遇而不可求，通过婚姻改变人生命运获得幸福的更是凤毛麟角。由此可见，拥有独立人格和事业的女性最美丽。干得好才是女人获得幸福最有力的办法。

白薇，人如其名，是大家眼中公认的美女，不论是在大学里还是在工作中，追求她或给她做媒的人从街南排到街北，其中有送钻戒的、有送职位的，可白薇始终都不为所动。时间久了，各种各样的传言就出来了，有的说白薇心理有障碍，有的说白薇性格古怪。说得次数多了，白薇就渐渐成为人们嘴中的问题女性。

对此白薇根本没有放在心上，只对好友说，从自己懂事起，相貌堂堂的父亲就不乏女同事的关注，娟秀的母亲除了做好家里大大小小的事情，还要成为父亲情感线上的守护者。虽然在父母那个年代出轨不太多见，但她还是从父母相处之道中，对婚姻多了一分谨慎，也正是这份谨慎形成了她现在的恋爱观和处世观。

白薇说每个人的人生态度和经历不同，她不想让自己在他人的非议中做出自己并不愿意的决定。好友听后说，好好珍惜你的人生，你会找到那个最适合自己的人。

白薇的坚持换来了最好的结果，她遇到了一个能给她安全感的男人，和这个男人在一起，白薇没有考虑曾经父母带给她的阴影，她觉得自己有信心和这个男人牵手相行。白薇婚后的生活很幸福，她过上了自己想过的生活。所以说，有些幸福并不是来自物质或其他，而是来自笃定的人生态度。

每个人生活的环境和人生经历都是完全不同的，所以，面对出现的各种问题，选择的方法也是不同的。可无论是哪一种生活状态，都要听从自己内心的声音，不屈从于外界的声音做好自己，才是对自己最好的保护。

和白薇同一个办公室有一个女孩叫作吴红，虽然吴红没有白薇长得漂亮，但也清丽脱俗。这两个人因为选择不同，最后的结果也不尽相同。

吴红结婚很早，她和白薇年纪相差不大，当白薇还在追求者和媒人的围堵中坚持时，吴红的孩子已经上幼儿园了。当人们对白薇指指点点的时候，吴红幸福的家庭已是伤痕累累了。

吴红的老公是做房地产的，公司员工有六七百人，所以吴红不工作，对于吴红本人和她老公来说都不是太大的问题。吴红的老公不止一次要求吴红回家做全职太太，对于老公的提议，吴红也动心过，但每次都被吴红的母亲拦了下来。最后，孩子的一次高烧住院，让吴红毅然决定做全职太太，她觉得孩子不能没有妈妈相伴。

吴红做了全职太太，很多人都很羡慕，在这些人看来，吴红是一个有福气的人。一个月几万元的生活费，家里还请了保姆，一个女人应该有的她都有了，可是回归家庭的吴红却随着孩子长大，心里变得空落落起来。

和所有成功男人一样，吴红的老公每天把绝大多数时间都花在公司和商务谈判上，对他来讲，能够在最好的年龄做出成绩，就是实现了最好的人生目标。可是，一次车祸让这位一心扑在工作上的年轻男人离开了他所爱的一切。

丈夫去世后，吴红特别害怕别人说她的孩子没有爸爸，更害怕别人用可怜的眼光看自己，在这种心理和异样眼光作祟下，她开始变得自怜自哀。这样的日子，让她昔日苗条的腰身变得粗壮，灵活的眼神变得木讷。如果不是那天白薇来看吴红，吴红还会这样继续生活下去。

看着吴红的变化，白薇本能地觉得吴红这种生活方式不正常。那一天，白薇和吴红谈了很久，白薇告诉吴红，真正爱她的人不会愿意看到她生活得毫无生气，如果不改变，她和孩子不可能拥有正常的生活。

从那天起，吴红慢慢让自己变得坚强，她参加了小学教师资格证的考试，成为一名代课老师。忙碌的生活让她几乎没有时间去想她的不幸，渐渐地，她成为学生们喜欢的吴老师。更让她惊喜的是，孩子的性格也变得开朗起来了。她发现，自己并不是这个世界上最可怜的人。

没有谁能够一点儿不在意他人的评论，也没有谁能轻松地从痛苦中走出来。但遭遇生活变故时，要学会改变和寻找，当把每一天普普通通的日子过好时，才会发现生活原来是这样的简单和幸福。

3

正确看待不公平

唐欣是我的学妹，经过多方面的努力，她终于找到了满意的工作。刚工作不久，唐欣就接到了一个设计任务，和她同时工作的还有另外一个女孩子。

这个设计任务对于唐欣来讲，一点儿都不难，因为她实习的时候做过类似的工作，所以唐欣很快完成了这项工作，可令她没有想到的是，这项设计工作完成后，得到升职的却是和她一起工作的女孩。

那个女孩子看起来很老实，所以，她说的话没有人不相信，她告诉所有同事这次设计任务的思路是她想出来的，唐欣只不过是帮了一下忙而已。唐欣以为周围的人都是看着她们做事情的，到底是谁的思路，周围的人肯定都知道，于是就没有进行解释。可是唐欣的沉默，却让办公室所有的人都接受了那个女孩子的说法。

那个女孩子升职成为小组长之后，只要是新来的设计任务，女孩都会安排唐欣去做，而每次获得成绩得嘉奖的都是那位女孩子。唐欣不服，找上级领导说明了这个问题，可是领导却说唐欣这是看不得同事的好，还语重心长提醒唐欣要学会欣赏，要向同事学习努力提高自己。更可气的是，那个女孩子还对唐欣说，别想着超过她。

从那以后，唐欣的每一次设计都是那位女孩领导有方，领导对这个女孩子的印象越来越好，没多久，就提升她为设计室的主任，而唐欣还是做着设计员。那一阵子是唐欣最难过的时候，做的事不但得不到承认，还处处受那位新主任的刁难。去洗手间时间长了一点儿，新主任说唐欣耽误工作；交图纸略晚了一点儿，新主任说她消极怠工；唐欣找领导反映问题，新主任又说她的工作态度不好。唐欣崩溃到几乎要辞职的边缘。唐欣想过很多次，与其在这里受气，不如另找工作，可每次，她都舍不得离开这家单位。

设计室新调来一位同事，恰好和唐欣是一个学校的，从这位同事那里唐欣才知道那个女孩子为什么可以这样为所欲为了，因为她最直接的支持者就是提拔她的领导。

同事嘴里的那位领导是这家单位的元老级人物，单位上下都会顾全他，更重要的是，那位领导和那个女孩有暧昧关系。唐欣脱口而出，她不是有老公吗？同事用怪怪的眼光看着唐欣，“她老公能给她什么？她靠领导一年能挣十几万的年薪，还有免费的小车送……”同事后面的话，唐欣没有再听下去，她只觉得自己的努力太可笑了。

回家后，唐欣开始分析：那位女孩之所以这样对自己，在于自己的胆怯，女孩子的专业能力虽然不如自己，可是自己专业基础再好，也只能给这个女人作嫁衣。想到这里，唐欣的心里充满不平和委屈，她把自己的想法告诉了师兄同事，师兄听了笑了起来。他告诉她，世界上每个人都有选择自己人生的权利，也都有必须承受的代价。他问唐欣，能做出和那个女孩一样的事情吗？唐欣摇了摇头。师兄同事说：“既然做不到，那就做自己能做的事情。有些东西现在显现不出来，时间久了，就会有变化。”

师兄的话让唐欣深有感触，从那天开始，她对那位室主任的各种批评、嘲笑不再当回事，只是认真做好自己的工作。渐渐地，唐欣设计能力越来越强，接到的任务越来越重，直到有一天，总工找到了唐欣，把单位的核心设计任务交给了唐欣。时光终没有辜负唐欣的付出，唐欣终于成为这个单位重要的设计师之一。

后来，那位刁难唐欣的女孩子在那位领导退休之后，被安排到其他的部门工作了。过了一段时间，就没有人再记得她了。

在职场上，有时会遇到各种意想不到的事情或人，不管面对怎样的不公、怎样的打压，都要正确看待这些不公平，在关键时候稳住自己，认清目标，潜心工作，终会得到最公平的承认。

4

幸福常常是简单的模样

小蔡现在是小有名气的女作家，当年和她同样有才气的小楚，结婚后就放弃了写作。她们两个人互相加了朋友圈，小蔡在微信朋友圈中经常发的是在哪座城市开会、在哪个书店签售新书，小楚在微信朋友圈里经常晒的是厨艺和家庭生活。小蔡老说小楚不思进取，小楚反驳说小蔡不懂得生活。

拿小蔡的观点来讲，女人就应该有自己的事业，天天围着锅台、孩子和家庭转，迟早有一天要后悔的。小楚却觉得照顾好丈夫，看着孩子健康成长是人生最大的收获。两个好友谁也说服不了谁，于是，很长时间都没有联系。

小琴是两人共同的好友，她女儿过生日时，小蔡和小楚都赶来参加，于是两人又见面了。两个人坐在一起又为同样的问题争执起来了，两个人都坚持自己的看法，谁也说服不了谁。这时，一旁的小琴说："生活本来就像一双鞋，合不合脚只有自己知道。"听到小琴说的话，两个人停止了争执，小蔡开始讲起了自己的事情。

小蔡说自己属于那种清高的女子，她的这种清高并不是有意抬高自己，而是骨子里文人的骄傲。可是单位的同事们不理解啊，都觉得她眼睛长到天上去了。所以，办公室各种出力不讨好的工作都交给了她，而各种出彩的事情与她基本上没有关系。恰恰那个时候，相恋三年的男朋友移情别恋了，本来是两个人贷款买的房子，男朋友却要求小蔡把其付的那一半首付款还给他。工作上不如意，爱情上遭打击，让原来珠圆玉润的小蔡瘦成了竹竿儿。那段时间，用小蔡的话来形容就是：生不如死。小蔡说，正是因为有着这样痛心的经历，她才想尽各种方法挣钱。

小蔡说自己没有特殊才能，能够说得过去的也就是写作了。每天下班她回到只有一张床和一个书桌的房间时，她就用买来的二手笔记本电脑写文章，向各个报纸杂志投稿。写了半年后，终于有一篇文章发表在杂志上。得到肯定后，小蔡写得更卖力了，后来稿费成了她的第二收入。在认识了更多的编辑朋友后，她向图书市场发起了冲击。她的新书一出版就赢得了读者的喜欢。从那以后，小蔡的整个人生发生了变化。她没有时间去关注同事们的好恶，也不用再为经济发愁了。她搬出了曾经让她流泪的二居室，有了花红柳绿的世界、大窗台的新居。小蔡说，在她看来爱情这个东西的保鲜能力实在太弱了，也正是因为如此，她才特别反对小楚一心扑在家庭的做法。

小楚听了小蔡的讲述，沉默了一会儿，开始讲起了她的故事。

小楚说自己开始做的是销售工作，年轻的她那个时候在单位特别拼，同事的销售额如果是两百万元，她的销售额一定要达到三百万元。其实她是有机会做行政工作的，可是考虑到销售的提成高，可以帮她早点儿实现财务自由的理想，于是，她把所有时间都放在销售和出差上。

那一次，她可以不去四川催款的，可是她想早点儿完成这项合同，早点儿拿到提成，于是，她去了四川。后来，大家都知道发生了5·12汶川大地震。小楚说，幸亏当时她不在饭店，逃过了一劫。经历了这次地震，让她真正懂得了人生无常。她除了难过、害怕，还有着对命运的无奈。从前，小楚认为人定胜天，可是，事实却告诉她，有些时候并非如此。

手机信号恢复后，小楚给父母和单位打了电话，当她在电话里听到温暖熟悉的声音后，她觉得世界上再没有比这更让她值得珍惜的东西了。从四川回来后，小楚没多久就结婚了，她再也不像过去那般等到目标实现后才去感受生活的幸福了。她觉得，过好此时此刻就是最幸福的一件事情了。

小楚觉得陪着父母一起慢慢变老，陪着老公一起看日出日落，看着孩子一天天长大，就是她人生最大的幸福与收获，至于曾经的码字计划，早已不是最重要的东西了。

两位好友讲出了各自选择的原因后，她们终于相互理解了对方。一旁的小琴笑着说："生活本来就是如此，越简单越幸福，每个人过着自己想要的生活就是幸福和圆满。"小蔡和小楚听了，相顾一笑。

生活从来就是这样，从来就没有一个标准的答案，也不需要踩着他人成功的路去行走，更不需去用别人的成功来和自己的人生相比。因为，自己想要的，生活从不会辜负。

5

接受不完美的自己

每一个女人都希望自己拥有完美的生活状态，可是，从另外一个角度看，如果凡事完美，也是一种缺憾。

钱凡梨的父母是大学教授，因为家庭的原因，她上了最好的大学，进了最好的公司，嫁的老公也是青年才俊。她的人生在所有人的眼里是完美的，可是没有人知道，为了维持这份完美，钱凡梨付出了常人所不能想象的努力。

钱凡梨读高中的时候，成绩很一般，有时她会听到同学们这样议论自己："她的爸爸、妈妈还是教授呢，成绩居然这样差！"然后便是一阵嬉笑。每每这个时候，钱凡梨就把头低得更低。

那一天，是班会时间。同学们都在讨论参加秋游要表演的节目，有人说钱凡梨的歌唱得好，到时让她表演节目，钱凡梨还没有回答，就听到班主任说：“钱凡梨把学习成绩提高比会唱歌更重要。”钱凡梨听了，恨不能逃出教室，到一个没有人认识自己的地方去。也就是从那天起，钱凡梨开始狠狠地要求自己。

从此，钱凡梨每天睡眠时间只有七个小时。早晨六点起床，背英语背各科定理，然后跑步上学。中午吃完午饭后，就把上午的课温习一遍，晚上回家除了做作业，还做各种练习题。她这样整整坚持了一年。一年后，她一跃而成为学校的尖子生，钱凡梨一直忘不掉班会上老师生硬、尖刻的话语，同学们嘲笑的目光。只有在一次次被肯定中，她才能找到内心的平衡。渐渐地，钱凡梨成了一个传奇。

工作后，钱凡梨也从来不含糊，凡事都要求自己做到最好，可是，不管钱凡梨再怎么严格要求自己，还是犯了错误。公司六十周年庆，钱凡梨作为活动组织者，居然把来宾的名字搞错了，当她发现这个错误的时候，却看到来宾找不到位置杵在那里尴尬的场景。虽然钱凡梨做了补救措施，但这件事情却成为钱凡梨心底的那根刺，她仿佛又回到了高中的教室，又听到同学不以为然的议论。

人的心理深处都会有一种暗示，钱凡梨的心理暗示就是自己不行，只有努力才可以帮助自己强大起来。正因为如此，当很多人把时间花在逛商场、旅游的时候，钱凡梨所有的时间都在图书馆和计算机前度过。老公多次提议让她过轻松一点儿的生活，但是钱凡梨根本听不进去。对于钱凡梨的努力，她的父母一直以为她太好强，后来，从女婿那里得知钱凡梨这种努力背后的原因，两位老人坐不住了。

周末的时候，母亲让钱凡梨陪她去公园散步，去池塘赏花。利用这次机会，母亲告诉钱凡梨路是为走得舒畅建的，花儿开放要顺应季节，没有哪一条路是最好的，也没有哪一种花是最艳的。听懂了母亲的话，钱凡梨开始慢慢接受其他生活方式了。她不再追求工作和生活的完美，允许自己慢下来。渐渐地，她发现自己生活得越来越轻松，和同事相处越来越快乐，她渐渐明白，生活的本质不是为了完美，也不是向其他人证明自己强大，而是在生活中让自己慢慢成长，慢慢进步，慢慢欣赏所有的一切。

和钱凡梨同一个办公室的同事刘艳艳，也是一个要求完美的人，可是她的完美要求却是另一种表现形式。

刘艳艳出身于书香门第，个人条件也很优秀，正因为如此，身边给她做媒的同事多不胜数，可是每次刘艳艳都对人家不满意，不是嫌人家个高太瘦，就是说人家膀大腰圆，更有一次，她说和她约会的那个男人吐字不清。在刘艳艳挑剔的眼光下，三十多岁了，还没有遇到心上人。身边的小伙伴们都嫁人当妈妈了，她还是孤身一人。

刘艳艳曾经感叹自己为什么没有遇到钱凡梨那样的老公，可是她却没注意到钱凡梨的老公是她最不喜欢的小矮个，如果给刘艳艳介绍一个像钱凡梨老公一样的男朋友，恐怕早就没戏了。

那天，刘艳艳和她的好友谈起了自己的婚姻大事，她的好友说她要求太完美了，又要性情好，又要工作棒，还要会说话。说到这里，女友脱口而出问刘艳艳是完美的女人吗？刘艳艳沉思了好一会儿，回答说当然不是。女友问刘艳艳，既然自己都无法做到完美，为什么要求自己的男朋友一定是想象中那个完美的男人呢？刘艳艳沉默了半天，才发现自己过去说得好听是追求完美，说得不好听就是有点儿矫情和幼稚。

过了一段时间，刘艳艳交了男朋友，据说，那个男朋友长得瘦高，可刘艳艳却觉得很幸福。看来，对于完美，退一步，反而会收获更多，所以，接受不完美的自己是一种成熟的表现。

6

等待也是一种美丽

林心如出生于1976年，算起来也四十岁了。这个年纪的女人基本上都被人叫作“欧巴桑”或者是中年妇女了，可是林心如看起来还是如同玫瑰一般娇艳，更重要的是，她没有因为自己年过四十，就放弃了对自己的要求。

女孩子过了二十七八岁没有嫁人，一般会被人说成老姑娘或者“剩女”。不知道有多少个在这个年纪单身的女子要顶着压力去面对周围的关注，或着忙着相亲，或者走在相亲的路上。在这个年纪不婚，难道就那样卑微吗？

许多年前，三十四岁女作家铁凝去探望冰心老师，冰心问起铁凝的感情生活，铁凝说还没有男朋友，冰心老师对她说：“不要找，要等。”大龄女嫁不出去，家人会着急，可是为了结婚而匆匆把自己嫁掉，那才是对自己情感不负责任的选择。

二十岁的时候，爱情是彩色的气球，一松手，气球就飞得无影无踪；三十岁的时候，爱情是棵长成的树，需要时间和机会才能相遇。很多时候，无论是爱情还是事业，都不会根据个人意志而实现，没有遇见，就要学会等待。

林心如承认的男朋友有小旋风林志颖和唐礼季，虽然最终她都没能和他们走到最后，但是，林心如也没有因为自己变成了大龄女子就屈从于现实，她依然在影视圈待着，出演主角并担任制片人。人生路上，我们看得到的是她的努力和那颗有追求的心。

林心如一边做着自己想要的那个人，一边等待着自己的爱情，直到某天，她遇到了生命中最重要的那个人，等到了自己的幸福。

没有遇到合适的人的时候，要学会欣赏生活中的点点滴滴。可以学做蛋糕，可以当一个业余的涂鸦者，也可以把自己的小屋布置成自己喜欢的模样，还可以来一段说走就走的旅行，所不能做的就是妥协和随波逐流。

等待，会让自己看到不一样的风景，也会让自己理解和享受生活本身的那种纯粹。

徐静蕾谈不上是一位美女，但是她在镜头前的灵动和温暖的微笑，让很多人记住了这位女演员。翻开她的履历，也是满满的荣誉，最佳女主角奖、女配角奖她都获得过，她自导自演的电影《一部陌生女人的来信》让她获得了最佳导演奖，她却说自己是“专业的裁缝，业余的演员”。

没有人会想到这位文艺范的名演员会说自己是专业的裁缝，从她的这句自我职业介绍中我们再一次看到只属于徐静蕾的那份淡然和安静。这就是徐静蕾最与众不同的地方。徐静蕾曾说过她不喜欢被别人叫作女明星，她更喜欢以一个手艺人的身份出现。有人问她拍电影算不算是手艺人，她的回答是：“拍电影也是门手艺啊，也是靠本事吃饭。”电影拍得好看，肯定不是只靠故事情节或者化妆、噱头取巧，也是需要动脑子和真本事的。凭借动脑子和真本事，她导演的《杜拉拉升职记》取得了一亿元的票房，达到如此人生高度的她，并没有满足这样的成功。当她在美国洛杉矶休假时，经过一家布料店，发现里面有缝纫课程，于是就报名学裁缝，开始了她的手工生涯。

徐静蕾的裁缝课前前后后不过上了四节，两节在课堂上，两节把老师请到家里授课，上完这四次裁缝课之后，徐静蕾就开始自己琢磨做包包、手工布艺品。每做一件东西，她都把整个心思放在上面，不知不觉一天时间就这样静静地过去了。用徐静蕾的话来讲，做手工是最好的一种休息方法。

在车水马龙、人来人往的喧闹声中，难免会让人浮躁、沉不住气，如能有让自己静下来的爱好，会带给自己更多的思考和休息。行走在路上，纵然需要不断前行，但也需要不断思考和总结。就像有人说过，光会奋斗的人不一定是要盯着目标，也要学会休息和调整，只有这样才可以走得更远。

等待是一种美丽，也是一种智慧，它能让自己在繁忙的生活中静下来思考和体会，变得成熟有魅力。

7

学会优雅地转身

在热播玄幻电视剧《花千骨》中，紫薰上仙是一个让人感叹与同情的女人。用现代话来讲，紫薰上仙完全是一个含着玉匙的“白富美”，世间极少有她搞不定的事情，只有爱情，成了她的劫。痴缠中，她一次次伤害自己，一次次让自己在痛苦与欲望中徘徊。

紫薰上仙位列五上仙之一，美丽又充满诗情画意，而且还是一个调香高手，可她偏偏爱上了那个断绝七情六欲的白子画。

紫薰上仙对白子画的爱坚持了一年又一年，可是仍没有得到她想要的结果。紫薰对爱情的这种态度，已经不再是单纯的爱，而是一种性格上的偏执。爱情，应是两情相悦，当得不到对方的回应时，要学会放下和优雅地转身。可是她没有这样做，以至于在后来的岁月里错失最爱她的那个人。

学会放下和优雅地转身，不是没面子的事情，而是一个人成熟的表现。

何巧巧曾是学校舞蹈队的队员，身材、相貌皆数一数二，《甄嬛传》中的《惊鸿舞》，她也跳得不错。单位举行文艺演出，何巧巧跳的《惊鸿舞》让在场所有人惊艳。

秦阳是单位技术部员工，家世好，个人能力强，长得帅。

自从遇到了秦阳，何巧巧就义无反顾地喜欢上秦阳。何巧巧托自己的师姐向秦阳介绍自己，秦阳听了只是笑了笑，人情练达的师姐马上就懂得了这笑声后面的意思。师姐找到何巧巧，坦白地告诉她，秦阳那边没戏。何巧巧沉默了一会儿，微笑着告诉师姐："有志者，事竟成。"师姐说这可不是比耐心的事情。

何巧巧是那种认准事情一定要走到最后的人。见过秦阳后，再有阿姨问她有没有男朋友，何巧巧都点头回答说自己有男朋友了。因为她早把秦阳当作自己的男朋友了。

何巧巧开始对秦阳展开攻势，有时她会给秦阳打电话，或是中午给他带顿饭，在巧巧看来，自己的努力一定会赢得美好爱情。可事情真没有朝何巧巧希望的那个方向发展。秦阳对何巧巧多的是客气而非亲近，甚至有一次用开玩笑的口气对何巧巧说要给她介绍一位男朋友。何巧巧听了，脸当时就白了。巧巧把这件事情告诉了师姐，师姐说她是个死脑筋。

看到巧巧整天萎靡不振，师姐瞒着巧巧又去找了一次秦阳，秦阳对师姐说："不是何巧巧不好，就是没有那种感觉。"师姐不死心地问能不能试试？秦阳听了很奇怪，不禁反问师姐："爱情还有试的？"

师姐把秦阳的态度告诉了何巧巧，让何巧巧忘了秦阳。巧巧叹道哪有那么容易。师姐拍着何巧巧的脑袋说她冥顽不化。师姐说对巧巧说："秦阳之所以这样直接拒绝，是因为他不愿意你在这件事情上花费更多的时间。"说到这里，师姐讲起了她的经历。

何巧巧的师姐也曾经和何巧巧一样，喜欢上一个男孩子。不同的是，师姐和那个男孩还成了恋人。本来师姐实习完可以去北京的，但是她为了男朋友便想方设法留了下来，她想和心爱的人在一起。

可不知道是什么时候，那个男人认识了一个“白富美”，无论师姐怎样不愿意放弃这段恋情，她的男朋友仍然坚持选择“白富美”，离开了她。不久，师姐的男朋友就和“白富美”结婚了，据说新房是市里最好地段、最好户型。

师姐说，爱情这个东西从来不是求来的，也不是等来的，更别想用一厢情愿的真情来换，因为换来的从来就不是真正的爱情。对不属于自己的爱情要学会及时放弃，有时优雅地转身是智慧，换一种思维、换一种方法也是进步。

唐朝僧人拾得曾经说过这样一句话：“退后原来是向前。”优雅转身，有可能能打开命运的另一扇门。

对待爱情可以优雅转身，对待工作，同样可以优雅转身。师姐的同事刘欣在单位整整工作了二十年，对于自己的工作，刘欣把它当作生命中的重头戏，也因为如此，这二十年来，她一直过得很有成就感，因为工作给了她肯定的人生。刘欣已经人到中年，再过几年她就可以退休了，可没有想到在这样的年纪，她却遇到了职场上的寒冬。

事情是这样的：现任领导需要给自己培养的人安排工作，不知怎么就注意到刘欣的资料员岗位了。领导没有对刘欣进行任何解释，就直接就把刘欣安排到收货间工作了。刘欣不喜欢收货间的工作，她找过领导，希望领导让她继续在适合她的工作岗位上工作。可是领导却说，变动工作是很正常的事情。

改变不了现状，刘欣只能接受现实。烦恼之余，刘欣开始思考怎样改变自己及处境。

刘欣是这样想的，也是这样去做的，她没有因为自己人到中年就接受命运对她的安排。刘欣的文笔很好，当年她之所以能够得到资料员这个工作，也和她的文笔有很大的关系。于是刘欣把心思花在看书写稿上。工作上的不如意，渐渐不再是她关注的重点。重新打开书本，刘欣突然发现自己错失了很多机会。随着刘欣的努力，她的文稿开始在报刊上发表，对于自己的未来她也有了更多打算。

当看到一家文化公司招人，刘欣毅然报名参加，虽然她的年龄是所有应聘者中最大的，但是她的人生经验和能力也是其他人所不及的。她获得了这份工作。后来，她感叹如果当时自己没有失去资料员这份工作，她仍然会和过去一样，兢兢业业做到退休，也正是这样一次挫折和转身，让她的人生有了更多改变。

优雅转身是一种人生智慧，在转身中，你会发现一个从来没有见过的全新的自己。

8

不要用委曲换人生

委曲从来就换不来自己想要的一切，包括爱情、尊重和幸福。可很多女人却一直以为忍辱负重可以换来自己想要的生活，可现实往往和她们想象的完全不同。

张敏丽大学毕业后去了一家单位做技术员，当年读大学是为了跳龙门，能轻松找到工作，所以她选择了她并不喜欢的机械专业。她和所有的女人一样喜欢漂亮的服饰，香飘四溢的香水，可是，生活偏偏不能如她所愿让她去选择服装设计。同样，为了生活，她工作没多久，就嫁给了这家单位一位领导的儿子。

因为不是有爱情的婚姻，张敏丽结婚后过得并不快乐，物质上的满足并不能填补她生活中的不如意，她也时常劝自己，现在过的生活就是自己想要的生活，还有哪里不满足的呢？可是，她的内心没有一刻真正快乐和轻松过。平日里，老公大多数时间都在打麻将，家里的事情他从来都不管。

张敏丽每每做完家务事，还有很多空闲的时间，她不喜欢看肥皂剧，她喜欢用布头拼接那些时装裁剪图。渐渐地，她开始试着做衣服。无论是给孩子做的婴儿装，还是帮邻居婆婆做的外套，她做的衣服都比市场上卖的款式好。时间久了，大家都知道张敏丽有一双巧手，张敏丽也在她的时装世界里忘记了生活的不完美。

一边是张敏丽红红火火的时装世界，一边是老公搓不完的麻将，但令张敏丽没有想到的是，老公的麻将渐渐多了金钱的影子。工资不够输就找父母要，父母那里拿不到钱，就找张敏丽要存折、要密码。一次两次无数次，家里的钱终于全部被他输到牌桌子上去了。他从张敏丽那里要不到钱，就把张敏丽做的裙子和其他衣服拿给人抵账。找张敏丽做衣服的人都知道事情的原委，所以，面对张敏丽一次又一次的道歉，大家都选择了原谅。

单位派人找张敏丽老公谈话，没用；罚他做重体力活，没用；父亲狠狠打他，没用，发展到后来，只要张敏丽把工资拿回来，他就用各种方法把钱抢过来，甚至发展到家暴。张敏丽求过哭过，可是一点儿用处都没有，只要这个男人一上牌桌，谁也不认识了。张敏丽的公公、婆婆不止一次向张敏丽道歉，他们觉得对不起张敏丽，怕这个能干淳朴的媳妇扔下他们的赌徒儿子跑了。

张敏丽偷偷拿公公、婆婆给的生活费重新买回布料，想把曾经欠人家的衣服重新做好还给人家，可这边她的衣服才做完，那边老公就把衣服拿走当赌资了。张敏丽和丈夫撕打到麻将室，被老公当众打耳光、拽头发，众目睽睽之下，张敏丽死的心都有了。

从老公迷上打麻将到最后把家里钱输光，不过是两年的光景，而对张敏丽来说几乎是一生。

张敏丽的忍让，更多的是为她的父母和自己的孩子，一边是想让父母放心，另一边是不忍割舍丢下孩子，婚姻于她早已没有任何意义。那天丈夫响亮的耳光打醒了张敏丽，她向法院提出了离婚。

离婚用了将近两年的时间，张敏丽重新变回了单身女子，当她成为单身女子的那一天起，她就对自己说，一定好好生活，从头再来。她告诉自己不要用退却、忍让去换取自己想要的东西，因为退却从来不会让人理解自己，忍让也不一定能获得自己想要的生活。

张敏丽一边工作，一边利用业余时间实现自己的服装设计梦想。单位参加市工会的时装表演，所有的衣服都是由她设计和制作的，参加时装表演后，张敏丽设计的“女人如花”系列服装获得了二等奖。这次获奖，让张敏丽萌发了从事女性服装设计的念头。后来，张敏丽有机会留学日本，走上了她一直想走的人生之路。

婚姻生活中，女人为了家庭的稳定和睦，往往会忽视自己个人的要求，往往会忘记自己在成为妻子和母亲之前女人的身份。也正是因为这种奉献精神，当婚姻遇到矛盾甚至家暴的时候，很多女人选择了原谅。可是，幸福的婚姻系在两个人手中，一个人隐忍、委曲不可能换来想要的生活。

无论是在婚姻还是职场中，不要用委曲来换自己想要的平静。因为，用委曲换来的平静，从来都不会带来真正的宁静。

第 三 章

CHAPTER

「带不走的光阴」

年纪，
不是女人爱美、追求美、
实现人生目标的借口。
人生何处无风景？人的一生
理应没有错过和遗憾，
曾经错过的、曾经追求的，
时光仍然可以帮助你实现。
只要有一颗永远年轻的心，
人生路上再多错过，
时光也会悄悄为你送上特别的祝福。

1

美丽与年纪无关

美丽，其实是和年纪没有关系的，女人不管在哪个年龄段都有着属于那个时候的美丽。

前几年收视率极高的韩剧《继承者们》，除了男生的颜值让人赏心悦目外，剧中那些不管是有钱的太太还是普通的中年妇女，虽然都是四五十岁的欧巴桑，可是她们苗条的身材、得体的妆容，无一不显示着这个年龄段女人的成熟和风韵，同样让人刮目相看。有人会说，她们是演员，当然得注重这些，可是身为普通人的我们，拥有良好的精神状态也是对自己最好的爱护啊。

邻居肖妹也不过三十多岁，每天却穿着如面口袋一般的衣物上班。当然这面口袋一般的衣物她买了很多种颜色，但面口袋就是面口袋，无论是何种颜色，仍然让她成为大家眼中的胖妈妈。

被人称为胖妈妈，肖妹不仅没有难为情，反而说起了带孩子的种种不易。谁都知道带孩子辛苦，大家纷纷表示理解，可是，带孩子辛苦也不能成为她放弃自己的原因啊。说起放弃，肖妹可一点儿都不接受，她还参加注册会计师的考试，怎么能说她放弃自己呢！有人在一旁说，就算当算账的会计，也应该漂亮一点儿吧。肖妹听了，不由得叹了一口气。

结婚后的女人，生活的内容基本上都被家务和孩子所垄断，男人们可以放得下孩子的哭闹，时不时去寻找属于自己的世界，可对于女人们来讲，当她把所有时间都用在家务事上的时候，家和孩子们就是她们全部的世界。

和肖妹的交谈中，才知道她没有结婚时是业余模特儿，可现在看一看肖妹，一点儿骨感都找不到，连手背都是肉乎乎的。肖妹听了这样的玩笑话，一点儿都没有在意，在她看来只要孩子漂亮、健康，她丑一点儿没关系。肖妹的这种心理是典型的妈妈心理，可是，作为孩子的母亲，也应该注重修饰，因为母亲所有的表现都会成为孩子模仿的对象。

小区有一个打鼓队，都是清一色的奶奶级别人物，最年轻的也有五十多岁，年纪最大的七十多了。每天，她们都会穿戴整齐地在小区空地上集合训练。这些奶奶级别的队员们，身穿粉衣，满头银发，虽然岁月在她们脸上留下了痕迹，但打鼓那股精神头儿却满满的都是青春活力。那天肖妹也抱着孩子欣赏打鼓队的训练，看着她若有所思的表情，或许她从这些年长的女性身上悟到了什么吧。

女人不能用孩子、家务事作为借口，放弃对美丽的追求。没有谁会喜欢一个不修边幅的女子，哪怕她性格温柔、聪明能干。如果对自己的外表不注意的话，她的人生也称不上完美，在这个看脸的时代，女人还是要注意自己的体重和仪容。当女人美成一道风景的时候，她的世界也是一片繁华。

人们都熟悉摩西奶奶的故事，这位从没有读过一天书的老太太，在她七十七岁那一年拿起了画笔，画了一千多幅画。她说的那句“有人总说，已经晚了，实际上，现在就是最好的时光”，成为很多人喜欢的励志语言，摩西奶奶用自己的亲身经历告诉我们：不管在什么年纪，都是人生最好的开始；人生什么时候开始，都不算晚。

美国女超模卡门·戴尔·奥丽菲斯，八十多岁的时候，依然活跃在T台上，她用美丽和坚韧谱写了属于女人的神话。

十五岁的时候，奥丽菲斯就登上了时尚杂志，以无与伦比的魅力代言过很多品牌的化妆品和服饰，如香奈尔、迪奥、劳力士等。她的人生和大多数普通女性的人生没有太多的不同，同样是通过自己的劳动换来属于自己的生活。她的人生发生改变是在她七十七岁那年。由于太相信投资者麦道夫，奥丽菲斯把自己所有的积蓄投入到麦道夫旗下的基金。结果麦道夫的金融诈骗，令奥丽菲斯一生的积蓄化为乌有。

面对这样巨大的人生打击，奥丽菲斯没有退却，她对自己说，十几岁能够做到的事情七十几岁她一样能做到。为了生活，她重返T台，开始了她人生最值得敬佩的走秀。奥丽菲斯没有因为自己的年纪而放松对自己的要求，她从来没有在走秀中说过自己腿疼或者年纪大了等这一类需要照顾的话，她把自己当作年轻人一样要求。这样的人生态度，怎么可能不拥有美好的人生和生活？最终她开辟了只属于奥丽菲斯的骄傲！

年纪，应该不是给女人逃避和放弃自己的借口，无论是十八岁还是八十岁。女人最美的年纪其实就在于她那永远年轻的心境。

2

时光终将记住这所有的美好

贾晓兰是我的同学。读初中的时候，她的母亲就因绝症离开了她，姐姐高中毕业就匆匆上班了，她的父亲没过几年也再婚了，她又多了一个弟弟。在我的印象中，冬天她总穿着一件黑袄子，夏天也是白布衣黑布裙，但不管她怎样朴素，也掩饰不住自己的才气，她是我们学校有名的才女，她的诗歌和作文经常发表在刊物上。

初中毕业的时候，大家都想着考哪一所高中，只有她填报了师范中专，老师们都不想让这样一个有才华的孩子连高中都上不了，可是几番家访后，贾晓兰仍然填报的是师范中专。贾晓兰还笑着对我们讲，她很喜欢孩子，她愿意成为一名幼儿教师。从此以后，贾晓兰就成了父母们嘴里的典型人物，常听到他们这样对自己的孩子说："要珍惜学习的机会，看看贾晓兰，想读高中都没有机会读。"

中考过后，以为是各自天涯，却不想常常在流行的刊物上看到贾晓兰的名字，一直以为是同名同姓的人，可当有一次看到那篇署名贾晓兰的《十五岁的毕业季，不要哭》的文章，才真正证实了这个贾晓兰就是我的同学贾晓兰。从她的文章中知道她在大学深造，知道她在一家中学任教，知道她出了文集。不管她曾经有着怎样的开始和过程，但她从来没有放弃做她理想中的那株淡雅的兰。

命运给每个人安排的人生路不完全一样，有的人天生就有好的家庭、好的父母，过着大多数人一辈子都过不上的生活，可有的人，尽管命运一开始没有给她一把好牌，但她却能打出一手好牌。命运，是可以通过努力改变的，这也是人们常说的命运其实就握在自己手中。如果自己都不肯和机会与命运做一次比赛，那只能接受命运所有的安排。

纽约时装周T台上，出现了一位高挑金发美女，名叫劳伦·瓦塞尔。她的美丽无可挑剔，而更让人欣赏的是她的坚强，因为她只有一条腿，她是装着义肢走秀的。

成为一名模特一直是她的梦想，二十岁的时候，她成了一名超模，实现了她儿时的梦想。除了走秀之外，她还喜欢打篮球。如果不是那一年的意外，她的人生会平坦顺遂。在她二十四岁那年，因为卫生棉中毒，导致毒性蔓延全身，引发心脏病并造成器官衰竭。一个多星期后，她醒了过来，可她却发现自己失去了一条腿。

风华正茂、美丽如花的她受不了这样的打击，情绪低落的她曾想到过自杀，但对生活的眷恋及亲朋好友的无私陪伴，让她曾经灰暗的心慢慢明亮起来，她接受了残酷的现实，接受了身体的不完美。

在医生的帮助下，她装了一条金色的义肢。当她用那只金色的义肢重新让自己站起来后，她知道自己的人生会和过去完全不同，过去是回不去了，但还有现在和未来。

劳伦虽然没有了一条腿，但是她依然无条件热爱她的T台，她的篮板。一位摄影师朋友给她拍了很多照片，通过照片她发现虽然自己装着义肢，但那份坚定和无畏却是过去不曾有的，她决定重返T台。装上义肢的她走路都比平常要费两倍的力量，更别说要走出猫步了。为了训练自己，她不怕苦也不怕疼，更不怕累，一次又一次地行走，她要让这条金色的义肢成为自己的一部分。劳伦想得很清楚，如果这次她不能重返T台，那么以后永远都不会有机会了。

经过坚持不懈的训练，这位美丽而坚强的女子终于重新登上了T台，她不寻常的经历和坚持，让她的风格和过去的模特风格完全不同，她的眼中多了坚毅和洞悉，更能诠释她所代言的品牌。品牌运动鞋耐克请她为产品代言，理由是：只有她更能诠释耐克的“想做就做”的风格。

生活有时会来个恶作剧，能够重新拥抱阳光的，都是挑战命运的勇士。面对难关和挫折不要害怕，要勇敢去抗争，生活终不会辜负这所有的付出，时光终将记住这所有的美好。

3

认准了的事，就勇敢地走下去

甜甜的母亲喜欢看类似于《国家地理》这样的杂志，所以，在甜甜很小的时候就知道了印度的恒河、柬埔寨的吴哥窟、厄瓜多尔的基多老城。很自然地，甜甜最大的一个目标就是能亲自去这些地方看看。甜甜读书成绩特别差，初中勉强毕业，在家里待了两年，才在母亲千托万求人的机会下，进了一家小型机械厂做加油工。

甜甜有了自己的经济收入，也像母亲一样订了旅游杂志，每当她看到杂志图片上纯净的天空、起伏的沙漠，整个身心都为之向往，可是，她每天打交道的不过是油桶和油壶，那些风景再美，都和她没有关系。

一次，她对父亲母亲说，她想辞职去学旅游。一辈子本分老实的父母听了她的这番话，告诉她这份工作得来不容易，如果她离职了，家里再也没有力量帮她重新找一份工作了。

甜甜听了，第一次懂得了什么是艰难、什么叫不易，从那一天起，她再也不看那些旅游图片了。

后来，甜甜供职的小机械厂和另外一家大型国有企业合并了，甜甜认识了很多和她年纪相仿的同事，周末的时候大家约着一起骑车出去玩。到了武汉著名的景点东湖时，甜甜心动了，她随手用同事的手机拍了几张东湖的相片，当作摄影作品投到单位的内部刊物上，没有想到，风景照片给刊发了。当甜甜拿到那期刊物时，那久久埋在她心底游遍天下的念头又萌发了。

甜甜知道，想游遍天下最简单的一个办法就是当导游，可是，那个时候的导游都属于正式编制，就凭甜甜那个初中毕业证和满腔的热情，谁会让甜甜去做导游呢？甜甜打听到一家学校开设旅游专业，她想都没有想，就找到那家学校要求报名学习旅游。负责招生的那位老师告诉她，想参加这里的学习，必须得参加统一考试。甜甜把自己的情况告诉了那位老师，那位老师建议她先学好高中文化课程再来参加考试。甜甜看着贴在墙上的风景图片，暗暗对自己说，她会再回来的。

甜甜用了三年时间补习完高中的课程，参加了那所学校的统一考试。由于文化底子很薄，这期间她付出了超出常人的努力！最终她被这所大学录取，学习旅游管理。在校期间，她还获得一个带团的机会，那个时候她还没有考过导游证，是和老师一起带团。

一次跟团下来，甜甜发现导游并不如自己当初想象的那样轻松，她发现自己体力不足，于是每天下班后她会慢跑一个小时。她相信集腋成裘的力量，更相信自己的热爱会带着自己走向想要去的地方。

毕业后，甜甜考了导游证，这一次，她向父母提出要去做导游。在父亲看来，女儿在这家单位工资虽然低，但是有保障，可以安稳过一生，导游既辛苦工资也没保障，心里一时拿不准哪条路对甜甜更好。最后还是母亲同意了甜甜的选择，她不愿女儿遗憾一辈子。

甜甜终于开始了她的梦想，她应聘到一家旅行社做导游，无论社里给她安排什么样的团、去什么样的景点，她总是接下，对于她来讲，旅游不仅是工作，更是她的全部。渐渐地，她开始在圈内变得小有名气了，很多旅行社都知道有她这样一个态度好、专业扎实、不怕吃苦的导游。

甜甜最难忘记的是小时候看过的柬埔寨吴哥窟图片，她希望自己能亲自去一次。为了能接到国外的单子，甜甜恶补英文，当她终于接到社里带团去柬埔寨的任务时，她回家抱着母亲哭了起来。这次去柬埔寨，甜甜把母亲也安排在自己的团里，她和母亲终于见到了早已在记忆里熟悉无数次的“高棉的微笑”。在这个古老的石窟下，甜甜抚摸着梦里见过无数次的石壁时，她又哭了。从最初的加油工到刻苦学习成为导游走到这里，甜甜庆幸自己坚持了下来，实现了自己的梦想。

每个人都曾有自己的梦想，但不少人走到后来却再也寻找不到了。有的人说生活哪里容得下梦想，有的人说梦想只能让人脱离现实生活。生活除了每天的例行公事，还应该有诗和远方。通往成功的道路很艰难，可如果每天坚持做那么一点点儿，其实已经是在成功的路上了。

认准了的事，就应该向甜甜一样勇敢地走下去。

4

风华绝代只因永不放弃

吴艳妮四十岁时遭遇了人生中的一件大事儿。头天她还在统计岗位上工作，第二天就被安排到炉前去做清洁工了。原因很简单，吴艳妮统计职工奖金的金额数据出错了。在工资还没有发下来之前，其实是可以改正过来的，可是新来的领导为了表现他强硬的工作作风，把员工分为胜任和不能胜任两种，吴艳妮的工作出了问题，自然被划入不能胜任工作的这一类。对这类人员的工作领导要进行重新安排，吴艳妮成了这项政策的第一批“受益者”。

曾经，大家都觉得吴艳妮工作轻松，可没有人知道她为了得到这份工作所付出的努力。当年，吴艳妮是有干部分配指标的，可来到这家单位不知道怎么回事，她的干部指标神奇地消失了。让她感到最难过的是她所从事的工作和所学的专业完全风马牛不相及。用了整整十年，吴艳妮从搬运工一步步改变了自己的命运，可这一次疏忽，她的人生又被打回了原点。

很长一段时间，吴艳妮都没办法从这次打击中走出来，最主要的原因是因为她觉得自己人到中年，没有过去那份锐气了，非常气馁。尽管她也知道命运掌握在自己手中，可是，在这个年纪，怎样去掌握？那天周末，吴艳妮闲来无事便在网站上浏览信息，无意中看到了刘晓庆出新书的消息，最吸引吴艳妮的是那本书的书名——《人生不怕从头再来》。

吴艳妮看到这几个字的时候愣住了。这本书的作者刘晓庆，几十年来一直是中国电影界的传奇人物，是一个从来就不相信命运的女人。这本书恰巧在吴艳妮最无助时出现，它触动了吴艳妮敏感的神经，她马上在网上订购了这本书。

吴艳妮很感谢与这本书相遇。看完这本书后，吴艳妮发现，无论是名人还是如自己这般普通的人，都有自己必须要面对和接受的痛苦及失败。拿刘晓庆来讲，中国名演员，曾经的富姐，却因为偷税漏税在秦城监狱坐了几年牢。不仅如此，将房产和公司都拿来抵债外，还欠了很多钱。一个五十多岁的女人，走到这一步，人生算是走到了山穷水尽之境。可是，她接受了这一切。在书中，刘晓庆没有一点儿隐藏她曾经的无助、脆弱，以及这件事情对她人生观的改变。

最让吴艳妮动容的是，为了还债，出狱的刘晓庆哪怕是最小的角色都会接并努力完成好。这个曾经演过武则天的一线明星，为了让自己站起来，从最基础的开始做起。读到这里，吴艳妮哭了，不知道是为了刘晓庆这种巨大的人生反差而哭，还是为自己现在的处境而哭。哭过之后，吴艳妮开始了思考。她觉得自己和刘晓庆一样，走到了人生的最低点，可最后刘晓庆还是通过自己重新赢得了人生。想到这里，她对自己说：舞台，没有人给我，我就自己给自己建一个。

第二天，吴艳妮翻出了过去的专业书，没有人给她数据进行统计，她就自己按照教材上的事例进行编制，建立表格进行模拟计算。白天，她做着炉前工，晚上她成了表格控。

但她的努力并没有改变她的处境，她曾试着找过部门领导和老板，得到的统一回复是目前没有多余的统计岗位。有一次，一位领导甚至提到吴艳妮的年纪，说她没几年她就要退休了，还换什么工作？从这些领导的回复中，吴艳妮终于认清一个事实：努力的机会虽然在自己的手中，但是改变的机会却牢牢掌握在他人手中。自己可以选择做最好的自己，可机会也许永远都不会有。那天从领导办公室回来，吴艳妮在更衣室里坐了很久，她做出了一个决定。

第二天，吴艳妮递上了辞职信。对于这样一个不会给她改变机会的单位，就算可以做到退休，她也觉得实在没有理由继续待下去。同事都说吴艳妮傻，失去了一份安稳的工作。

吴艳妮开始在58同城和智联招聘上寻找新的工作机会。吴艳妮在年龄上确实不占优势，但是她有一个最大的优点，那就是热爱。经过一番努力，她找到了她喜欢的统计工作。虽然没有住房公积金，下班的时间也晚于过去，可是吴艳妮却很开心快乐，她觉得有些东西是可以通过改变得到的，失去追求和实现梦想的力量对她来说才是最难接受的。

这家民营公司鼓励员工参股，吴艳妮也参了股。在这家公司，她学到了很多以前没有学到的知识，她觉得生活充满了活力和挑战。回到家后，吴艳妮看着那本让她重获勇气的书，看着封面上的刘晓庆，她终于知道：所谓的风华绝代就是永不放弃、永不言败。

5

没有什么可以毁掉女人的一生

小玲二十年的婚姻结束了，原因是小玲的丈夫无法继续爱她了。

小玲算得上是一个传统的中国好女人，结婚后，她全部的重心都扑在家庭上。为了让丈夫安心工作、孩子健康成长，小玲甚至辞去了自己的工作，可是，小玲全部的付出却换来了这样的结果。有人说，像小玲这种情况就是人们常说的“抹布女”，就是把宝贵青春付出后，没有从婚姻中获得自己想要的幸福与长久。

刚离婚那几个月，小玲整天一副悲痛和无助的模样，她时常说自己最对不起的就是孩子。虽然身边的亲人都想着法子安慰她，可是，受了打击的小玲总让人感觉楚楚可怜！

改变是从小玲在路上偶遇过去的同学开始的。过去成绩不如小玲，美丽不如小玲的同学，十多年后再次相遇，整个人变得神采飞扬。那自信“刺”得小玲眼睛生疼，最让小玲吃惊的是，老同学开的那辆黑色宝马车，居然是她自己买的。老同学现在做玉石生意，听到小玲的经历，让小玲到自己店里做事。小玲对玉石很感兴趣，同时也希望自己的人生有所改变，所以没有犹豫就接受了老同学的邀请。

自从小玲到玉石店工作后，她把所有的时间都放在学习有关玉石的知识上。每一块玉石对于小玲来讲都很美丽，充满着时光的记忆。看着那些玉石，小玲不再难过了，那沉淀于玉石之上的时间，让小玲觉得自己的那点儿痛根本就不算什么了。羊脂玉的洁白晶润和翡翠的晶莹剔透沁得小玲内心一片澄明、充满生机。看着这些玉石，她爱不释手。她把玉石当作她喜爱的女子而忽略了销售额，也正是这份沉静，反倒让小玲的销售额月月居前。

让一个女人改变的不仅仅是爱情，还有属于自己的力量。经济收入好转的小玲开始有时间逛时装店、做健身，这些也是小玲曾经喜欢的。结婚后，为了生活她放弃了这些，却还是没有保住婚姻。小玲的谈话中渐渐多了“我要做什么”，少了“以后怎么办”。她开始了新的生活，离那个只会偷偷流泪的自己渐渐远了。

一次聚会遇到了小玲，那个曾经憔悴的女子早已消失不见，变回了美丽娟秀的小玲。交谈中，知道小玲刚离婚那一阵子对丈夫的绝情充满怨恨，可是后来她慢慢想通了，虽然自己有了这二十年的婚姻，可是这二十年中，她不仅早已不是原来的那个自己，而且她和丈夫并没有用心去呵护爱情。两个人在一起时都喜欢责怪对方没有给自己更好的生活，却从来没有想过要为对方付出什么。

在婚姻生活中，女人们常喜欢把自己放在弱势地位，在她们看来，婚姻生活的好与坏完全由男人们把握。其实，在这个时代，性别早已不再成为每个人获得幸福和实现愿望的基础了，很多优秀的女人一样可以给自己的家庭带来物质和精神生活的享受。小玲也是因为还有过去那种男强女弱的思想，才会不断在婚姻中指责自己的丈夫。想到了这一点，小玲原谅了自己的前夫。

人生有些时候要学会接受改变，换一个方向行走，可能能看到不一样的风景。

田珞是我的闺蜜，那天她来到我家，开口第一句就说："这日子没法过了。"说完精致的小脸上满是泪痕，委屈极了。

原来田珞的婆婆从乡下来了，这位婆婆大人满脑子的封建思想观念。她觉得田珞既然是做媳妇的，就应该顺从，对婆家及丈夫唯命是从。在婆婆的这种观点指导下，田珞每天下班回家后要承担所有的家务事，用田珞的话来讲，就像一头老黄牛一样。过去老公回来还帮把手，现在婆婆在这儿，老公什么都不管了，婆婆有事没事还指挥田珞做这做那。田珞觉得这样的婚姻失去了原有的意义。

婚姻是与爱情不同的。爱情，只需要两个人相互喜欢、相互爱慕就可以，可婚姻，是两家人的家庭习惯和人生观的碰撞。过去人们常说"门当户对"，这是有一定道理的，生长于相同生活环境的人更容易相处。田珞现在面临的问题实际上是两种观念的碰撞：一种观点是婆婆至上，媳妇嫁到自己家来，所做的一切都要紧紧围绕着婆家而进行；另一种是田珞的甜蜜小生活，她认为结婚的目的是为了让自己的人生更圆满。两种观点和两种需求单独来看，都是合情合理的，可是这两个看起来合情合理的观点碰到一块就冒出问题来了。

同为女人的婆婆与媳妇，为什么一定要成为婚姻和家庭生活的对立者？两个人因为同一个男人而相识，都是为了幸福生活走到一起。社会是前进和变化着的，每个人都有选择自己生活的权利，家庭中每一个人的意义也在改变。女人的成功和幸福不完全依靠婚姻来证明，女人们完全可以选择一条她们自己喜欢的人生道路，按照自己的规划去安排自己的生活，这比做一个委屈的媳妇更有价值。

在这个世界上，所遭遇的每一次挫折、每一次人生困境，都是人生的考验，生为女人不要胆怯，也不要害怕，要学会相信自己，依靠自己，没有什么可以毁掉一个人的一生，除非自我放弃。

6

守住心底的梦想

十八岁，她的希望破灭了，她没有考上大学，只能接受父母的安排，与邻村的那户人家定下了婚约。

两年后，她便嫁到了邻村。临出嫁的时候，母亲说难为她了，而她却笑着摇着头，她知道自己能读完高中，父母已经是尽了所有的力量了。生而贫穷，所拥有的机会自然是少的。

婚后，尽管她已变成两个孩子的母亲，可在她心里，觉得人生不应该是如此苍白。每天忙完农活后，她便在灯下读她所能读到的所有书。一开始看《聊斋》《西游记》这些古典名著，然后每个月她会搭村里的拖拉机去镇上的书店挑上一两本她爱读的书。几年下来，她读了铁凝、汪曾祺、王蒙等作家的作品。每一次阅读都让她觉得生活除了种田、打扫猪栏外，还有更多的内容。老公一开始对她的这种做法很是不以为然，说村里的女人们做完事哪个不是聊天看电视，只有她，把书当作宝贝看。

看得多了，她也想写出自己的故事。当在洁白的纸上写下第一句话的时候，她愣了，原来，有些事情跋山涉水其实就在自己的眼前。她不由得想起了多年前的学校，想起了榆树下那个自己，想起了曾经的梦想，想到这些她的眼圈红了。可是，当她看到那一双儿女的时候，她觉得这样的生活也是圆满的。

她是第一个把孩子送到镇上读幼儿园的女人，她希望自己的孩子接受她所能给的最好教育。为了孩子，她待在地里的时间更多了，养鸡养鸭，周六、周日到镇上卖自己种的菜，她不想她的孩子和她一样，她愿意孩子们飞得更高看得更远，如同铁凝说的那样："在穿越了悲伤，内心的不平静，诸多的麻烦后，仍然能升起一种对生活保持明朗的心境和善意，而且能具有母性的胸怀。”这就是她人生所有的目标。

老公见她这样辛苦，就到城市里打工，以便有更多的机会挣钱养家。老公走了以后，家里的事情更多了，但这些并没有难倒她，她都扛了下来。夜里，读着那些带着油墨芬芳的铅字或是看着稿纸上自己写下的东西，她会觉得生活有奔头。

一年后，老公回家了，乐呵呵告诉她要带着她和孩子一起去城里。她愕然地看着老公。老公解释说，他的老板想找一个看门面的营业员，他向老板推荐了她。听了这个消息，她并没有高兴，而是问老公，如果离开，家里的田会荒芜，以后年纪大了回来怎么办？老公说：“你不是一直想给孩子们更好的世界吗，城里有更好的教学条件。”那一晚，她失眠了，她从来没有想过离开这个家。离开，对于这个家庭来讲，是开始也是一次挑战。想来想去，最后她决定和老公带着孩子一起进城。

进城在老板的公司做了两年营业员后，她和老公把积攒的钱拿出来租了一个门面。渐渐地，她的生意进入了正轨，收入比在老家高多了。她把赚来的大部分钱用在了孩子的教育上，她的行为影响着两个孩子，两个孩子也非常认真对待学习这件事。

夜晚，她还是和过去一样，看书、写字，她试着把自己写的文章投给一些报纸和杂志，有些居然被刊发了！拿着这些在很多人看起来算不了什么的样刊，她却把它们当宝贝一样收藏起来，那时她觉得自己是最幸福的人。

有些时候，命运的道路不能由自己选择，但是，无论命运有怎样的安排，都要守住心底的梦想，只有守住了心底的梦想，才有可能在命运安排的道路上有所改变，走进美丽人生。

普通人有自己需要守护的梦想，对于一些名人来讲，她们同样也有属于她们的坚守。

2016年8月21日，中国女子排球队获得了第三十一届奥林匹克运动会女子排球冠军，整整十二年，中国女排再次夺得了这枚意义非凡的金牌。

中国女排第一次站在世界之巅，是在1981年日本东京世界杯女子排球比赛上。在这支队伍中，“铁榔头”郎平曾是一代中国人的骄傲。郎平从女排退役后到国外留学，在国外，没有人记得她曾经辉煌的历史，为了生活，她必须从最基本的助教开始做起，可是郎平从未放弃对自己的承诺。

郎平从最基本的助教一步步做到了排球教练。她用自己的努力带出了新一代的中国女排，她用实际行动证明了她对排球的热爱。排球就是郎平心中最美的梦想，她始终坚守这个梦想，让梦想之树常青。

不同生活轨迹的两个女人，都因为心底的那个梦，深一脚浅一脚地在人生道路上前行，她们终于找到了属于自己的位置，终于让自己站到了生命的巅峰。

7

走下去，看到的是不一样的风景

朋友所从事的文职工作在我看来是挺好的，可是，每次遇到她，她总能找出自己工作中各种不如意，不是人际关系复杂，就是付出再多也得不到领导认同，如此云云。听着她的讲述，我几乎感受得到朋友的大好青春在随波逐流中悄悄流逝。

有一篇《人生中二十五件奢侈品》的短文，文中写道：人生这二十五件奢侈品与健康、生活态度有关，无关名利，人生的奢侈品其实是："每时每刻都过得有意义与幸福。"

身边一些简单平常的事情，因为习以为常，会让我们很难感受到这件事情带来的快乐与满足感。比如一篇文稿的完成，一份数据的核对，每天看到家人的笑脸，都是值得高兴和快乐的事情。因为生活就是由这些小事情构成，如果把人生喻为一条长河，这些常见的事情便是组成这条河流的水珠。

有些同事因为眼界或性格的关系，如同刺猬一般扎人，可大家每天总要见面，总会有这样或那样的联系。既然如此，为什么不可以学会宽容和让步。孔子曾说过这样一句话："虽有至知，万人谋之。"其义是说虽然有极高的智慧，也要有上万人谋划，既然"智者千虑，必有一失"，何不安下心来做好自己。不要花费太多时间揣测人生、敬畏人际关系，做好自己就行。

曾有一位虔诚的教徒，当他接过他人的馈赠时，总习惯分一半给他身边的人。他的行为还原了生命的本色——分享。如果一个人成天想着怎样从他人那里获取最大利益，始终让自己立于不败之地，这样的人其实是不值得同情的，因为他不过是一个精神上一无所有的人，只有害怕失去的人才会把仅有的紧紧攥着！如果一个人总害怕失去，那他永远不会感受到分享与给予的幸福和快乐。与其把时间放在等待或人云亦云上，不如静下心来做好事情，或成为一名有责任感的教师，一位懂得各种产品性能的销售员，或者成为有一手绝活的厨师，这都是对自己人生最好的尊重，在行走的过程中，会看到不一样的风景。

那位感叹生活中太多烦恼的朋友，在她七岁的时候母亲就离开了人世，做销售员的爸爸没有太多的时间陪伴她，给她最多的鼓励是多努力多付出。朴实的爸爸觉得只有这样，才能在这个社会上找到最恰当的位置。朋友从小就是在这种教育中长大的。

朋友勤奋努力考上了大学，在学姐的介绍下，大学毕业后进了一家集团公司从事文职工作。在职场上，朋友依然按照父亲的那种人生理念去工作，可是，她却渐渐地发现，工作中，无论自己怎样努力，怎样尽力把一件事情做好，仍然会得到批评的声音。一开始朋友从自身找原因，对工作越发认真，她认为只有尽了全力，才能证明自己的努力，可结果仍然不是她所希望的那样。

文章写得没有她好的同事得到了提升；擅长背后诋毁、

当面奉承的同事也调到更好的工作岗位，只有朋友，工作几年仍在原地不说，而且还得到只能胜任基础工作的评价。办公室所有文件的起草都出自于我这位朋友之手。整天埋头起草文件，也难怪朋友会觉得人际关系难相处。

朋友的失落与不甘是能够理解的，可是，这个社会本来就是千姿百态，每一种存在都有它的理由，与其把时间花费到无法解决的问题上，不如静下心来做一两件自己能够掌控的事情。职位的高低，不是衡量一个人优秀或成功的标准，职场上升职或免职都有着一定原因的，绝不是表面看到的那般简单。比如，那位文笔不如友人的同事，她的升职是因为她的沟通能力强；再比如，那位八面玲珑的同事，人家看中的就是她的应变。每一种存在必然有它的道理，而朋友正是因为她的踏实，才得到了和她对等的评价。

拥有成功事业是我们每个人追求的目标，但是脚踏实地才是达到目标最可行的办法。朋友与其把时间放在不解或不平上，不如用认真、坚持、勤奋继续前进，这样走下去，看到的风景一定与众不同，也一定是最有意义的。

第四章

CHAPTER

「你的完美超乎你的想象」

每个人都有追求美丽和实现梦想的权利。
人生路上并不全是关心、鼓励和喝彩，
还有数不清的嘲笑和恶意，
可是，那又有什么关系？
生活是属于自己的，
自己的人生唯一而精彩。
不管在别人眼中你是怎样的一只丑小鸭，
坚持与热爱终究会帮助你成长为美丽的天鹅。

1

只要你愿意，可以变成自己想要的模样

她来自中国极北的地方，习惯了冰雪世界的她对江南充满了幻想，“春江水暖鸭先知”“映日荷花别样红”描绘出她心中最美的江南，去南方成了她心底的梦想。考大学时，她把所有的志愿都填为南方的学校，终于，她收到了一所南方大学的录取通知书。

她终于站在池边看到那一朵朵绽放的莲，不知为什么她居然流泪了。写给家人的信中她这样描写道：“我终于来到了莲的身边，仿佛是很久很久就与它相识，那份美好与宁静，是我一直向往与追求着的。”因为她对莲的喜爱，只要有时间她便会流连于池边，或写或临摹，哪怕是冬日，她也会在池边转转，在她看来，无论什么季节，莲都有属于它的人生轨迹。

大学里，她所有的时间不是给了教室便是留在了莲的身边，有好朋友告诉她，莲再好，也不能完全懂得她，也不能给她想要的人生。她听了，微笑赞同朋友的观点，可最后还是慢条斯理来上一句："可是我懂得它啊。"朋友听了她的话，也不禁笑了起来。

工作后的第一年，她在池边遇到了他，他弹得一手好吉他，这把吉他令莲花池边的她惊艳。当她发现他和自己同在一个单位的时候，她想，这真是奇妙的缘分。一年多后，她成了他的新娘。她以为这便是她圆满的人生，有莲、有他还有一个属于她的家，还有什么不是幸福圆满的呢？

两个人在一起的日子是轻松、美好的。下班后，两个人手牵着手买菜做饭；周末，她坐在他自行车的后座一起去体验他们人生的点点滴滴；夜晚，他们在夜空下细语长谈。她以为这便是他们的人生，他们以后几十年的生活。

变化来自于孩子的出世，他心疼她，于是从老家把母亲接了过来，希望母亲能够帮助他们度过这段人生最不易的时候。在母亲的眼中，自己的儿子是最优秀的，媳妇只是儿子的陪衬。也许，天底下所有母亲都把自己的孩子当作心头肉，而把他人的孩子当作陌生人。正是由于婆婆的小心眼，让她遇到了人生中前所未有的难堪。丈夫的衣物婆婆会帮着收起叠好，而她的，哪怕是下雨，婆婆也会说忘记收回来了。刚开始的时候，她从来没有在丈夫面前表现出什么，可是，次数多了，她便在他面前抱怨婆婆几句。丈夫也私下说过母亲几次，可越说效果越差，他只能沉默，而对她，丈夫只能说母亲年纪大了。

她难过时一个人走到开满莲的池边，在莲的陪伴下，度过一段轻松的时光，只有在莲的身边，她才会让自己委屈的眼泪流出来。她时常想，所谓的“莲出淤泥而不染”不就是要求不受环境的影响，做最好最美的自己吗？想到这点后，她试着不再为自己难过，试着重新鼓起勇气面对所有。

她开始把自己的精力放在工作上，她想，一朵莲之所以美丽，是因为深深地把根扎进泥土里，与其把注意力放在他人对自己的态度上，不如学着让自己如莲般变得更加美好。

她把能够利用起来的时间都用在提高她的工作水平和能力上。渐渐地，她在工作中发现了另一片天空，一片只需要努力和付出就一定有收获的世界。尽管她还是会遇上各种各样让她难过的事情，可是那份只为自己而努力的笃定却让她一直向前。

家中的婆婆依然像过去那样对待她，但是她却没有像过去那样在意了，内心的强大不再让她如小女生那般看待问题了，毕竟生活是她自己的，不是吗？或许身边一直有人给她带来各种各样的烦恼，笑或是哭，控制权不都在自己手上吗？有时她还挺感谢婆婆，如果不是婆婆的帮助，自己哪来的那么多时间工作，让自己成长。

她还是常去池边和莲说话，她告诉莲，生活并不是一个简单花开的过程，因为在花开的那一瞬间，早已积聚了太久的期盼与愿望，而最可贵的却是力量积蓄的过程。

生活于她不再是只看到了诗意的美好，思考让她懂得只有经历过沉淀与沉默的美才是最动人的。不管遭遇到什么，只要愿意，每一个人都可以成长为自己最喜欢的那个自己。

2

曾有一个人，为你改变

也许，在某一时遇到某一人，会给你带来很多改变，甚至有些改变，是你意想不到的。当海伦·凯勒遇到沙利文小姐，她的人生从此与众不同；当三毛遇到荷西的时候，她的人生从此掀开完全不同的一页。

每一次改变，都是一次彻底的自我审视与检查，有很多人因为与某一个人相遇而改变了自己的人生，让自己的人生从此变得真实与美好。

田小菲是大家熟知的问题小姐，工作能力差，让她复印资料，她可以缺头少脚；让她送文件给领导签字，她可以送错地方。如她这样的工作能力，是不可能在行政部门工作的，可是谁让田小菲有一个当总经理的叔叔呢。

一次交流会，田小菲认识了一位男同事，不过一瞬间，她就喜欢上了那个男孩。这个男孩毕业于名校，年纪轻轻就做到了部门负责人一职，一脸的正气与朝气，这样的男孩想不被人注意都很难。田小菲喜欢上人家也不知道隐瞒，没事就给人家打电话，刚开始，人家还客气以待，次数多了，只要接到田小菲的电话就干脆不接，田小菲还一根筋地认为人家在忙工作。其实，是人家躲着她。

最后，田小菲终于明白了人家是躲着她，可是，她怎么也忘不了他，她想站在他的身旁和他一起欣赏这世间所有的美好，可是人家连个机会都不给。同事们都知道田小菲的事情，休息的时候，一些平常就看不惯田小菲的同事说，就凭田小菲那智商和傻样，谁会喜欢上她？有的干脆说如果不是她叔叔，她田小菲想做现在这个工作，门儿都没有！

同事们说起损人的话那是一个赛一个，可没有人知道，田小菲在门外听得痛彻心扉，原来曾经的笑脸、曾经说她慢慢来的那些人，都是这样看她田小菲的啊！她伤心地离开了。回到家里，她大哭了一场，为自己的天真，也为自己的幼稚。

有一次交流会，田小菲又遇到了那位年轻的才俊，这一次，她没有像过去那样去套近乎，而是坐在自己的座位上，认真听取每一位到会者的发言。会开完后，田小菲和那位青年擦肩而过，她也只是微笑着离开了。

时间长了，所有的人都以为田小菲不再喜欢那位青年，大家的话题也就慢慢放到了别的地方，可是只有田小菲知道，在自己的心里是怎样刻骨铭心地思念着他。田小菲做了一个表格，一边是那位男青年，一边是自己，她把两个人的优缺点都列了出来。表格列完后，田小菲惊奇地发现，自己的缺点比他的优点还要多。看到这里，田小菲想，如果自己是那位男青年，估计也不会太在意自己吧。

田小菲还是期望有一天，他能够在意她，懂得她，能和她在一起。她知道想让他注意自己的方法只有一个，那就是让自己变得优秀。从那天后，田小菲慢慢学会了改变。

田小菲过去一直都不喜欢学习，更别谈对工作有所要求，因为她得到的一切实在太过于顺利。高中毕业后就被叔叔安排在这家单位做行政文员，工作内容无非就是送送文件、打打字。田小菲发现自己和人家比起来差得太远。她不知道云计算，甚至连最新的手机APP都不知道是什么，更别谈什么学历、什么管理方法了。

差距让田小菲第一次感到羞愧，她赶紧报名参加了夜校的学习。有同事问田小菲不是一直认为只要会打字就能走遍天下，怎么现在才发现知识不够用，得重新学？田小菲只是笑笑，什么也没说，脑子里想的却是课堂上讲的货币知识经济案例，因为那个她喜欢的人学的就是金融，她想离他近一点儿，更近一点儿。知识给田小菲打开了一扇奇妙的门，她走了进去，并发现了从未见过的世界。

田小菲学会了和管理部门的领导谈经济管理的事情，她再也没有做过送错文件或张冠李戴的事情了，她真正成长为一名合格的行政管理人员。曾经以为遥不可及的台阶，她走了上去。

田小菲还是有很多机会见到他，可是她和他谈起的更多的是怎样做好现有的工作，怎样利用管理起到杠杆作用，他不再躲着她，取而代之的是交流。对于他，田小菲依然喜欢，但却不像过去那样天真，她知道不管是爱情还是什么，都有属于自己的轨迹，而现在的她，早已因为他看到了更广阔的天空。

走一场不辜负自己的人生才是对生命的热爱，因为那一次相遇、因为那一份喜爱让田小菲改变，变成她从未想过的自己。这种变化带来的美好让田小菲明白，世界上最伟大、最有力量的那个人，其实就是自己。

3

观念决定命运

李莫愁是一位美丽能干的女子，可是，她却没有让自己的人生获得圆满。在《神雕侠侣》这部小说中，作者金庸用对比的写作方法，把古墓派的小龙女喻为悠然倾城的白牡丹，而把李莫愁喻为变异了的红玫瑰。

白牡丹和红玫瑰的师傅是当年在江湖上与王重阳齐名的林朝英。师傅孤寂一生的人生或许给李莫愁带来一丝阴影，在她看来师傅既美丽又能干，竟然得不到想要的人生和幸福，一辈子守在那黑暗的古墓之中。这种生活肯定不是李莫愁所要的，年轻的李莫愁以为自己一定会有精彩而完美的人生，可是她却没有想到自己拥有的，师傅也曾拥有过。

李莫愁不过是爱错了一个男人，可是她的失恋却让自己曾经设计的美好人生完全破灭。她把恨和失望埋在心底，硬生生让自己变成了一个视爱如仇的女人，似乎只有这样，她才能证明自己的人生不圆满是因为他人的相负、他人的责任，她要这些破坏她人生幸福的人付出相应的代价。

林朝英的人生尽管是孤寂的，但在她的心底依然有着爱与温暖，因为王重阳选择的是大多数男人所选择的事业，她只是输给了王重阳的理想，这没有什么好抱怨的。王重阳舍弃了爱情，而陆展元却不是这样。他在李莫愁之后选择了另一个女子，这对既没有安全感又极为自负的李莫愁是一个打击。李莫愁认为自己貌美如花，会作诗又会女红，还会厉害的武功，为什么自己喜欢的男人偏偏就不喜欢她？在现实生活中也出现过这样的故事，查尔斯王子不爱美丽的戴安娜，偏偏喜欢大他几岁的卡米拉。其实，爱情有些时候是没有道理可言的，不管自己比其他人有多少优点，但爱就是爱，不爱就不爱。

李莫愁应该明白爱情是两厢情愿的事情，而不是各种条件的比较，可是一向骄傲的她不能接受这一点，于是，她用受伤的自尊来伤害别人，也伤害自己。李莫愁以为陆展元是个负心郎，可实际上真正负了她的却是她的骄傲和执念。

爱情祖师琼瑶写过一部小说《一帘幽梦》。书中姐妹两个人同时爱上了一个男人，男人爱上的是妹妹，但和姐姐是同学，交情与教养让他和姐姐保持着良好的关系，他想找机会告诉姐姐，他真正喜欢的人是妹妹。可当要讲清这件事情的时候，姐姐出了车祸失去右腿，在妹妹的退让下，那个男人不得不娶了自己并不爱的姐姐。

没有爱情的婚姻生活，是没有办法幸福的。

假设陆展元因为种种原因娶了李莫愁，他们的婚姻也不会幸福。但是李莫愁并没有想到这一点，她认为是自己付出了满腔的爱，却没能得到陆展元的爱。李莫愁的人生其实不应是那样的，因为就算没有陆展元的爱，她也可以重新开始，而她却用 腔怨气成就了悲剧的人生，性格上的偏颇决定了她命运的走向。

或许有人认为李莫愁不过是一个小说中的人物，能从她身上看到的只是小说故事而已，在现实生活中，如她这般的女子其实也不在少数。邻居的女儿丽是一个非常优秀出色的女孩子，无论是工作还是品行，都被人称赞，可是她却爱上了一个不爱她的男人。无论她怎样表白，怎样帮对方打印文件、送饭、订机票，得到的仍然是：落花有意，流水无情。那个被她喜欢的男孩也不止一次告诉过她，自己不喜欢她。

也有不少热心人帮丽介绍男朋友，可是丽都不愿意接受。当她知道她喜欢的男生和另一个女生交往，还得知那个女生无论从哪个方面都比不上她时，丽受到了打击，她不能接受这样的现实。但现实生活到底不是小说，可以随意调整人物的命运，在朋友和家人的陪伴下，她度过了那一段人生中最低谷的时期。

后来，丽遇到了真心喜欢她的那个男人，收获了两情相悦的爱情。也就在这个时候，她才真正明白，爱情或者会迟到，但却不会缺席，爱上一个不爱自己的人其实也是一种对自己的伤害，她终于做到了放下。

爱情最不需要执着与执念来达成，或许有些等待的爱情会打动很多人，可是，那等待是建立在心心相印的基础上，互相倾心的爱情才是值得追求和守候的，放下执念，学会与单恋告别吧。

4

拯救自己的，往往是勇气

上班的第一天，小娜就被办公室的一位同事所吸引，其英俊、能干、高职位，还是单身。这样的男人很少不被女同胞所关注。聪明的小娜悄悄把自己的这份小喜爱放在心里。没想到工作上的交集，让小娜和他有了进一步的了解，更让小娜意想不到的是，那个他在某个周末居然送给了小娜一枝红玫瑰。

如果说曾经的喜爱是隐藏着的，而这枝玫瑰却让小娜呈现出所有的美丽！两个人开始交往起来了，为了他，小娜可以做一切她可以做的事情：酒会上帮他挡酒，为他做拿手菜，以他所有的喜好为标准。小娜以为这段恋情便是她一直希望的美丽和永恒，可是小娜最后还是发现这段恋情不过是人生的一段插曲。

小娜并不是一个特别自信的女孩子，这次失恋让她变得沉默起来。一晃几年过去了，小娜一直把自己关在房子里。她和所有的男性保持距离，不让自己的生命中再出现爱情的任何影子。

小娜的心理活动被她的闺蜜知道了，闺蜜听了小娜的小秘密不由得被她的可爱气坏了。闺蜜告诉小娜哪有恋爱一次就成功的，闺蜜看着小娜一脸受伤的小模样，给小娜讲起了她小姨的经历。

闺蜜的小姨很年轻就嫁人了，嫁的那个人和她小姨是同学，也是她小姨的初恋。这是一个很完美的爱情故事，因为在最好的时间里遇到了最对的那个人。可是，有的时候，时间会改变一些曾经认为永恒的东西。她姨夫办了个砖厂，挣了很多钱，可同时也迷上了赌博。先是小赌，输上一二百，然后就变成了豪赌，不仅把砖厂输出去了，连他们居住的房子也成了筹码。她小姨不知道劝了多少次，可每次她姨夫都保证得妥妥的，可转过身，又跑到牌桌上去了。

闺蜜说小娜不过是失恋，她小姨面对的不仅仅是面目全非的爱情，还有信任的打击，她小姨一直忍一直等，到了后来，再也没有办法忍下去了，她选择了离婚。离婚的时候，她小姨连住的地方都没有，她把所有的财产都留给了丈夫，她则借居在闺蜜父母家中。闺蜜告诉小娜，那个时候，她小姨每天沉着脸，还动不动就哭，家里人都为小姨担心，可后来，是小姨自己改变了这一切。

她小姨喜欢唱歌，她给自己报了一个歌唱班，她还喜欢游泳，每天都去游泳健身。渐渐地，小姨找回了过去的那个自己，她脸上的笑容多了起来，她在歌唱班还认识了一位新的男友，开始了一段新的人生。

无论是工作还是爱情，都没有最完美的保质期，世事都在变化，可无论怎样变化，自己那颗勇敢面对现实的心却不要变化。在爱情中，没有谁能保证自己爱上的那个人就是最对的那个人；在工作中，也许会遇到欺骗或打击，这是谁也避免不了的。然而生活总是要往前走。如果因为害怕受伤而让自己躲在安全的壳中，虽然暂时看起来是不会再受到伤害了，可是却永远失去拥抱生活的机会。

梁静茹有一首名为《勇气》的歌，歌词中写着："我们都需要勇气，去相信会在一起。"如果每一个遭遇挫折和困难的人轻易放弃了追求爱的勇气，才是真正让自己处于最不安全的处境。

著名电影演员林青霞有一段众所周知的恋情，她和秦汉虽然最终没有走到一起，可是林青霞在勇气的陪伴下选择了新的人生。一段几乎耗尽了半生的恋情，在面对和放下后，林青霞勇敢地走了出来。林青霞最后选择的那个他虽然没有英俊的外表，却有让林青霞安定的力量。婚后，曾经美艳不可方物的林青霞，虽然成了一位胖大嫂，可在她的眼角眉宇间看到的全是幸福与平静。

如果当初林青霞执着于那段完美的恋情，或者失恋后无法从那段恋情中走出来，她的人生将会是另外一个版本。张爱玲遭遇胡兰成的移情别恋，从此就远离了爱，没能迎来她生命中最美的春天。虽然这也是一种选择，可到底有些悲凉。选择意味着勇气，选择也意味着新生。真正懂得生活的人才会对自己的人生做出理智的选择。

勇气应该是所有女人最好的朋友，当面对生活的挫折和困难，面对人生的起伏时，能够陪伴自己和改变自己的只有勇气。勇气不是莽撞，而是智慧；勇气也不是简单的选择，而是选择后勇于承担的责任。能够带自己走向新世界的往往只有勇气，让勇气陪在自己的身旁，无论女人活到什么年纪，它都是馈赠予女人最好的人生礼物。

5

前进就是不妥协

华丽丝·迪里是一个美丽的非洲女孩，可是，她却有着如噩梦一般的童年。不到四岁，她就被强暴；五岁时，她接受非洲割礼；不到十二岁，父亲把她以五头骆驼的价格换给一个六十多岁的老头子做第四房妻子。她不愿接受这样的命运，在母亲的帮助下，她逃离了这个不可能给她带来任何希望的地方。

为了从家乡逃到摩加迪沙投奔姨妈，不过十二岁的她独自一个人跑过了那片沙漠，在沙漠中，她躲过了狮子，却躲不掉穿越沙漠留在她脚上的那些刺目的伤痕。她不怕也不在乎这些，因为她知道只有前进才能摆脱悲惨的命运。

幸运的是，她终于找到了她的姨妈，在摩加迪沙住了下来。十八岁的时候，她跟随着姨妈来到英国做仆人。来到英国的华丽丝，一句英语都不会说，但是她依然很高兴，因为她知道自己不用再担惊受怕了，她可以凭借自己的劳动养活自己。这种当仆人的生活，她过得如饮甘饴，没事的时候，她会打开电视偷偷学习英语，这种平静而文明的生活，是她一直想要的。

华丽丝以为日子就会这样一直过下去，可是她却没有想到因为索马里内战，她的姨夫和姨妈必须回国。听到这个消息后，她很害怕，她不愿回到索马里。她大着胆子留在了英国，成为一名黑户。没有了工作，她就在街上捡东西吃，后来，她得到了一份卖汉堡的工作，却还是吃不饱，她只有捡人家顾客吃剩的食物。这种生活一直到华丽丝遇上了曾为戴安娜王妃拍摄照片的摄影师特伦斯·多诺万。

华丽丝身上的那种单纯而神秘的气质让她成为当时英国时尚界一颗璀璨的新星。她是第一个上了创刊于1892年的时尚杂志《vogue》的黑人模特儿，曾出演了邦德007影片

《黎明生机》，还写了自传《沙漠之花》。2009年，她的自传被拍成影片，她的人生从此改变，和她一起改变的还有非洲成百上万名女孩子的命运，她们不用再遭遇割礼这样残酷的梦魇了。

从一个逃婚的小女孩走到联合国大使，或许华丽丝命运中有着运气的关照，但是如果没有她勇敢的选择和改变，她的人生不可能得到逆袭。对于残酷的命运，有时抗争和前进就是最好的不妥协。

生活中总是会遇到各种抱怨和各种不快乐，我们会觉得生活对自己是最不公平的，自己的遭遇是最不幸的，可是看看华丽丝的人生，我们没有听到她放弃的哭声，看到的只是勇敢的改变。十二岁的女孩子，没有任何人相伴，独自一个人从老家的沙漠里走到了首都摩加迪沙，在沙漠中她面临过死亡，经历过前所未有的伤痛，可她终于握住了希望的手，改变了一切。

曾经听过这样一个故事，一个嫁到婆家的女人，从结婚第一天起就不受婆家人的喜欢，对此丈夫表现得很软弱，认为这样是对父母孝顺。她从来就没有想到过婚姻会是这样的狼狈，无论她做什么事情，在婆家看来都是错的。她觉得这样的婚姻对自己没有任何意义，她提出了离婚。可是离婚在她的家乡不太受人理解。哪怕娘家人知道她的委屈，也不同意她的这种选择。

所有的一切都告诉她必须忍受，可是，她不愿意自己的后半辈子在这种伤害中度过，她选择了离开，她辞去了自己的工作，一个人跑到上海，开始了她想要的生活。她没有让自己沉浸于过去不能自拔，她也不再把幸福寄托于婚姻之上。她的手很巧，会做布娃娃。刚开始的时候，她只是做几个送给要好的姐妹。那些姐妹看着她那可爱的布娃娃都喜欢得不得了，有一个姐妹建议她做几个拿到夜市上去卖。

她想，晚上也没有事情做，不如去夜市上练练摊儿。没想到，她做的五个布娃娃没多久就被那些小姑娘们买走了。她找到了乐趣。于是，只要有时间她就会做她的布娃娃，这样做并不是为了挣钱，而是因为做布娃娃让她感到快乐，让她找到了实现人生价值的事情做。

老家的事情渐渐成了淡淡的回忆，曾经恨过的婆家人，她也渐渐忘记了，在忙碌中，她发现了一片更加美好的天空，她寻找到属于自己的快乐人生了。

有时，生活会让人猝不及防，可是，那又有什么关系？只要不自弃，寻找到自己的方向，终会得到意想不到的改变，发现一个完全不同的世界。面对所有的困难，不妥协、勇敢向前才是唯一能够改变的方法。

6

无论受到怎样的轻视，都要相信自己

年轻的时候，很容易以他人的评价来看待自己在社会中的位置，在意评价并没有错，从好的方面讲，可以从他人的评价中找到自己的缺点和不足，可从坏的方面来讲，评价的人并不完全是从正确的方向进行讲述，所以太在意他人的意见，根本就不可能审视和真正发现自己的问题所在。与其把注意力放在他人的评价上，不如静下心来审视和修正自己。

张瑞秋希望自己能成为一位独立、自信的白领丽人，可是在她的性格里偏偏有一种随遇而安、人好我好的性情，独立与随遇而安是不搭调的，自信和人好我好也是不协调的。

所以，张瑞秋在职场上给人的感觉就是那种无性格、软弱的形象，偏偏张瑞秋还没有认识到这一点儿。

职场也是一个小世界，如果形成了一种风向和标准，那就形成了一种定式。张瑞秋发现不管自己怎样努力做好工作，不但得不到领导的欣赏，也得不到同事的支持。张瑞秋在职场中得不到认同和鼓励，她变得愈发小心和讨好别人，但这样的结果让她变得越来越没有自我、越来越人云亦云、越来越受人轻视。

有一阵子，张瑞秋甚至想过放弃这份工作，她觉得自己特别失败特别累，用尽了所有的力量却得不到应有的接受与承认。那一天，她终于鼓足勇气把自己的这种想法讲给了她信任的一位前辈听，她想知道自己到底哪里做错了。前辈耐心听了张瑞秋的想法，拉着她来到了自己的办公桌前。

张瑞秋十分不解，前辈让她打开计算机，她惊奇地发现计算机上的文档数量非常多。张瑞秋随便点开一个文档，发现里面记录的不仅是会议记录，还有会议上各人发言的原因分析。看着这些，张瑞秋满脸敬佩神色。这位前辈问了张瑞秋几个问题，第一个问题是希望自己以什么形式出现在职场中？张瑞秋的答案是自信、独立和能干。

前辈接着问张瑞秋第二个问题，要怎样获得自信、独立和能干？张瑞秋犹豫了一会儿，回答说得到周围同事的称赞和认同。前辈微笑着问她用什么获得？不等张瑞秋回答，前辈就告诉张瑞秋，她想得到的不过是周围同事好的评价，换一种说法就是荣誉。可是荣誉从来就不会属于让步和小心翼翼的人。

职场中获得荣誉的唯一办法就是实力。前辈告诉瑞秋，当年她来到这家公司的时候，也是想着用处好同事关系的方法来赢得一个好的开始，可是，她发现这条路是走不通的。有些人因为教养和品性会接受或认同某种行为，但大多数人看的只是性情和能力，只靠委屈自己或用各种方法来赢得赞同的人注定是走不远的。

前辈的话让张瑞秋抓住了自己的问题所在，她知道自己的问题出在哪里了，也知道自己应该怎样去做了。从那天起，张瑞秋不再把注意力放在他人对自己的评价上了，而是把所有的注意力放在提高工作能力和效率上，一段时间过去了，虽然还没有达到张瑞秋希望的状态，但她再也不需要把心思放在他人对自己的评价上了，在她的身上终于有了自信的影子。

有些时候，他人的轻视和不在意，有很大一部分责任在自己身上，一个人要想在社会上取得成绩，不能指望他人的同情和帮助，而是来自于自身的努力与争取。

日本羽田机场被世界权威航空行业排行榜网站评为“全世界最干净的机场”，让这个机场获得这项荣誉的是一位名叫新津春子的女人。她的父亲是二战遗孤，母亲是中国人，十七岁的时候全家移民到日本。身份的特殊和家庭的贫穷，让新津春子从小就受到很多冷眼和恶语，为了生活，她从高中就开始做唯一能竞聘到的工作——保洁。新津春子并不觉得做保洁有什么不好，她反倒认为既然只能做保洁这项工作，那就把这项工作做到极致吧。

保洁工作看起来是一份极不起眼、没有地位的工作，但是要做好却不是件容易的事情。选择了这一行，新津春子真的如她自己所说，把这份工作做到了极致。做保洁工作仅清洁剂就有八十多种，她能根据保洁的不同要求合理调配清洁剂，也会考虑到旅行者甚至孩子们的体质，她把这项工作当作最伟大的事业去完成，成为日本家喻户晓的明星，被评为日本“国宝级匠人”。因为她太能干了，所以被调整到技术监督管理岗位，负责培训机场七百名清扫工，有时候也会应邀去解决公共设施或家庭的顽固污迹。越来越多的人专程跑到机场跟她说：“您辛苦了。”

他人的轻视从来不是打击信心、毁去梦想的助手，依靠自己的力量认真做好工作是最好的名片。专注做一件事情的女人，才是美丽和自信的。

7

在人生的旅途中，学会等待

张爱玲曾经说过“出名要趁早”，在这个飞速发展的社会中，谁都想尽快尽早达成自己的人生目标，实现成功的愿望。

董明珠是珠海格力电器股份有限公司董事长，可是她的格力之路是从三十六岁开始的。在她三十六岁的那一年，她选择了到珠海格力公司做业务员。

刚成为业务员的董明珠，当时对空调是什么都不知道！但是，生活磨炼让她能从最基本的开始做起。她的前一任业务员有四十多万元的欠款尚未追回，董明珠就想自己就从追还欠款开始做起吧。谁都知道向其他企业追还欠款是一件不容易的事情，一个多月，董明珠一直锲而不舍地追在那家欠款公司的老板身后，那个老板被董明珠追急了，于是口头同意向格力公司还款。

可是，第二天，当董明珠去公司找那位答应还款的领导时，那位领导居然避而不见。董明珠虽然生气，但是她还是想把那四十万元的欠款追回来。于是她和那家公司的员工交谈了起来，直言她为什么要追款，还问对方如果换位思考，又会怎样做？对方公司的员工表示理解董明珠的心情，偷偷告诉董明珠，如果领导回来了，就提前通知董明珠。

后来，几经波折，这笔很多人追不回来的款项，在董明珠的努力下追了回来。作为格力公司的业务员，董明珠曾经做过几千万元的订单，销售业绩惊人，收入丰厚。后来，公司要求董明珠转为行政人员。行政人员的收入没有业务员收入高，但对于董明珠来讲，钱不是她人生目标的全部。她的想法很简单，如果所有的人都盯着钱看，那企业的发展谁来管？离开了企业，再有能力的业务员也会丧失生命力。于是，董明珠接受了企业的安排。

董明珠曾经有一段话非常感染人，她说在她看来，成功并不是名和利，而是多为人考虑才是成功者。

格力空调在国内成为一线品牌后，找格力公司要货的经销商非常多，有时还存在等货的情况。在这种情况下，有一位经销商找到了董明珠的哥哥，承诺如果能拿到货，就会给其一定的提成。董明珠的哥哥听了非常高兴，于是找到董明珠，要求她向经销商供货。可是董明珠却拒绝了。在董明珠看来，自己坐在高管这个位置，首先要考虑的是格力公司，如果自己同意了这种做法，其他的经销商也会和这个走关系的经销商一样，要求优先供货，那这样对格力公司的长期发展是不利的。正是因为董明珠有这样的眼光，格力公司的管理才逐渐走向正轨。

董明珠从格力的基层业务员走到总经理这一职务，整整用了十五年。如此漫长的旅程，对于那些急着想出名混个脸熟的人来讲，肯定是等不到这十五年的，但是董明珠做到了。董明珠工作有一个特点：实现梦想的方法绝对不速成。她不认为一个高层的管理者比工作认真严格要求自己的普通职工更优秀，在她看来，哪怕只是一个普通职工，能够敬业热爱工作，就是一个成功的职业者。在她看来，成为普通职工也好，做总经理也好，首先第一步都是要把自己的工作做好，当一个人在某一领域做得比大多数人更好的时候，机会就会自然而然降临到他身上，在等待中学习，在等待中进步，终会迎接到全新的开始和美好人生。

董明珠成功地把格力电器带进了全球五百强企业，可是，她的人生观依然没有太大的变化，在她看来，人的一生不要为金钱而活，因为社会对自己的认可远比获得金钱的意义要大得多。当回望人生路时，做到问心无愧，便已足矣。

大器晚成的女性中还有一位摩西奶奶，她在自己七十六岁的时候提起画笔作画，在她二十多年的绘画时间里，她画出了一千六百幅绘画作品，并开了画展，她还出了一本书，书的名字叫作《人生永远没有太晚的开始》。

只要行走在前进的道路上，不论什么时候开始，不论需要多长时间等待，只要知道从现在开始努力，终将到达成功的彼岸。对于一个热爱人生、勤奋努力的人来讲，无论多长时间的等待，都会让生命充满希望。

8

专注一件事情，收获更多

她曾经是最美的“玉卿嫂”，获得过金马奖和亚太电影节最佳女主角，从影十年拍了一百三十多部电影作品，却在演艺事业最辉煌的时候选择了离开，专注于琉璃艺术品的制作。这位魅力女人就是杨惠珊。

女人的一生不应把爱情当作自己的全部，也不应一味追求事业的成功，而应在自己的人生中选择一项自己最喜欢的事情去做，让自己的生命充满朝气和质量。很少有人能像杨惠珊这样，放弃既有的成功，在另一个自己从未涉足过的领域重新开始。

琉璃被称为人工水晶，需要在1000℃以上高温下将水晶琉璃母石熔化后，再通过一些方法凝聚成美轮美奂的艺术品。琉璃是汉文化的代表，被誉为中国五大名器之首（金银、玉翠、琉璃、陶瓷、青铜），佛家七宝之一。其制作方法在明代时失传过，只在传说与神怪小说里有记载，小说《西游记》中曾介绍说沙僧因为打碎一个琉璃盏就被打入凡间，这足以说明琉璃的珍贵。

杨惠姗知道琉璃是在拍摄影片《我的爱》时，当时她就被琉璃的美丽所吸引，可是那个时候琉璃艺术品都是由其他国家生产，唯独中国不是生产国。杨惠珊查过资料，她知道琉璃在中国的历史可以追溯到西周和两汉时期，就是在那个时候，琉璃在杨惠珊心里留下了深刻而美丽的印象。

杨惠珊从影坛功成身退，当时她挣的钱可以什么事情都不做，就能安安稳稳平静过好下半辈子。可是，她没有选择这样一条路，她把自己以后的岁月都和琉璃紧紧连在一起。她把自己所有的积蓄都拿了出来（在当年那是一笔巨款，合计新台币七千五百万元），为的是圆一个琉璃梦！完成她人生的新起点、新追求。

杨惠珊没有任何琉璃烧制经验，在投入全部积蓄一年后，她烧制出来的作品竟然是一堆碎玻璃。望着自己失败的作品，杨惠珊心疼万分，但是她没有退却，没有放弃对琉璃的梦想。没有钱烧制琉璃，她只有到处借钱，甚至把家人的房产都押给银行了。这种日子过了整整三年半，那三年半她看不到任何希望，完全凭借对琉璃的热爱和专注坚持了下来，直到现在，在台湾淡水琉璃工房的后院，还可以看到一座十余平方米的“玻璃冢”，记录着她刚刚起步时那一段难忘的时光。

投入的资金打了水漂，杨惠珊的资金缩水为零。有不少朋友劝杨惠珊不要再做琉璃梦，可是杨惠珊却没有放弃。她到处走访学习，并在法国找到了琉璃的制作方法——脱蜡铸造法。法国人不肯把这个技术传授给杨惠珊，杨惠珊就和自己的投资者（自己生命中最重要的那个人）一直寻找资料，自己学习、自己琢磨，一次两次三次，经过无数次的试验，她终于掌握了这种制作方法。其实这种琉璃的制作方法早在中国汉代就有，只是随着时间的流逝和历史原因，才渐少人知，杨惠珊用她的耐心和专注让琉璃的美丽端庄重新呈现出来。

2015年，杨惠珊在美国洛杉矶被全美最大银行摩根大通授予2015年度“大师”称号，成为中国现代琉璃艺术的奠基人。

在琉璃的世界里，杨惠珊越来越发现中国文化的博大精深和内蕴美，她的作品也多表达出这种美。她的作品中，用琉璃的晶莹透明呈现中国文化的有：富丽堂皇的牡丹，一朵青莲，端庄慈悲的佛像，幸福的一家人……这份透明带来的是宁静和美好。

如果当年杨惠珊因为失败，放弃继续寻找琉璃、继续还琉璃一个梦，那么今天人们就不会欣赏到这么美丽的艺术品；如果她不懂得“彩云易散琉璃脆”，她就不会多方面理解生命的无常、生活的美丽。杨惠珊曾做过一个“药师琉璃光如来”的佛像，这尊佛像被供于日本奈良国宝级寺庙——蕴药师寺写经堂中，佛经中的“身如琉璃，内外明澈”成了杨惠珊追求的人生境界。

杨惠珊在琉璃的陪伴下走过了三十多年，这三十多年来对琉璃的专注，让杨惠珊不仅拥有了另一片广阔的天空，而且收获了更多人生领悟。

每一个女人都有着自己不曾想到的力量，把所有的时间专注于一件事情上，坚持一段时间，会发现世界将大不同。

第五章

CHAPTER

「勇敢，才是挫折的对手」

生活中遭遇的一些困难
有时会超出自己所能承受的范围。
有的人面对这些困难却畏首畏尾，
然后在岁月的苍茫中感叹自己的不如意。
不要被现实中的困难吓倒，
敢于面对困难和挫折本来就是一种挑战，
这里比的是坚持和毅力，
唯有勇敢才是带领自己走出窘境的力量。

1

挫折，人生路上的调味品

没有哪一个人喜欢挫折，因为挫折意味着否定、意味着失败，可如果把挫折当作生活的调味品，那也不算是一件特别令人不快的事情。

戴爱莲是中国现代舞奠基人、著名舞蹈家，这般优秀的女子，在所有人看来生活应该顺利、美好，可是仔细翻看戴爱莲的一生，她也不是一个一帆风顺的女人。

戴爱莲出生在西印度群岛的特立尼达，祖籍广东省新会县。五岁的时候，她就迷上了舞蹈。她不停央求母亲让她和表姐一起参加舞蹈班的学习。戴爱莲的母亲拗不过女儿，就把女儿送到芭蕾舞舞蹈班，让戴爱莲学习舞蹈。戴爱莲在这个班里快乐极了，因为她终于和她心爱的舞蹈在一起了，而舞蹈也成了戴爱莲一生的最爱。

十四岁的时候，戴爱莲和母亲、表姐一起来到了英国伦敦，开始学习古典芭蕾，师从安东道林，后来又进入兰伯特芭蕾舞蹈学校学习。戴爱莲所有的花销全部来自于父亲，在那个时候，整个世界经济萧条，戴爱莲的父亲也拿不出更多的钱负担戴爱莲的学费和生活费。戴爱莲开始抄乐谱、做家务、教人跳舞来挣学费和生活费。也就是在那个时候，戴爱莲创作了自己早期的舞蹈作品《杨贵妃》《叶花子》《伞舞》。

一次极为偶然的机会，戴爱莲欣赏到现代舞表演，她被深深地打动了。对于喜爱的舞蹈，她都要去亲自体验、学习，但在那个年代，现代舞和芭蕾舞并不相融，教她现代舞的舞蹈老师担心戴爱莲的想法会影响其他学生的学习，于是，就善意地劝她退学。自己想学的东西，老师却不传授，也不让学，这对戴爱莲无疑是一个打击。虽然现实如此，但戴爱莲并没有放弃对现代舞的喜爱。

机遇总会眷顾真正热爱某一事物的人。不久后戴爱莲获得了一家舞蹈学校的奖学金，她开始正规地学习现代舞。现代舞有极强的表现力，其一直影响着戴爱莲的舞蹈风格。

也就是在那个时候，戴爱莲遇上了一个她一生都不能忘记的人——雕塑家维利·苏科普。她和这个男人相处的时间不过两个星期，但是两个人在思想和人生理念上是那样接近！可是，戴爱莲不能留在这个人身边，因为这位雕塑家已经订婚。自尊让戴爱莲选择了离开，她把这份情感深深埋在自己心里。

离开苏科普，戴爱莲回到了中国。那个时候，中国正在举国抗日，她虽然不能上前线，但是可以用舞蹈表达对祖国的热爱。回到中国后，她深深地爱上了这片土地。她曾见过周恩来、邓颖超，周恩来建议戴爱莲的舞蹈作品多一些民族化的东西。从此，民族化成了戴爱莲对舞蹈的追求和要求。

爱情在这个时候降临了，戴爱莲和画家叶浅予结婚了，证婚人是宋庆龄。不幸的是，戴爱莲婚后被查出有妇科炎症，到香港做手术时出了意外。从那以后，戴爱莲永远失去了做母亲的机会。

这样的打击没有把戴爱莲击倒，身体养好后，她投入到舞蹈编排、演出及文化的发掘中。她把自己所有的时间和精力都奉献给了舞蹈，奉献给了中国舞蹈事业。新中国成立后，戴爱莲出任第一任国家舞蹈团团长，第一任北京舞蹈学校校长，第一任中央芭蕾舞团团长等。可以这样说，戴爱莲是新中国舞蹈的奠基人。

事业上虽然成功，但生活中的戴爱莲并不幸福，她选择了与画家叶浅予离婚，她觉得在这桩婚姻生活中，她没有办法再感受到爱情和理解。对于性格独立的戴爱莲来讲，做出这个决定也是极为艰难的，毕竟叶浅予陪她一路走到了现在。

后来，戴爱莲又结了一次婚，可还是离婚了。从那以后，戴爱莲就一个人生活，直到她六十多岁后，在伦敦重遇维利·苏科普，她知道，这么多年只有这个人才是真正懂得她的那个人。苏科普的妻子临终前将苏科普托付给戴爱莲。这一次，戴爱莲终于和苏科普走到了一起。

戴爱莲虽然是名人，但是她的人生和每一个普通的女人一样，在人生的道路上也遇到过挫折和困难，但是她没有把这些放在心上，而是坚持着自己的目标，让自己每一天的生活都充满着希望和美好。面对困难和挫折，应该像戴爱莲那样，把注意力放在自己喜欢的事情上，在时间的陪伴下，那些曾经的挫折会变成苍白的过去，终究会梦圆美好未来。

2

不要用坚硬代替自尊

记得自己那一年刚参加工作的时候，身边的同事大多是大学毕业，而自己最高的学历不过是个中专。每天看那些走过的同事，觉得她们眼光都是骄傲的，而且她们和我说话也是极少的。她们谈论的话题不是杜拉斯就是香奈尔，而我了解最多的不过是琼瑶和百雀灵；她们喜欢把头发束得高高的，而我只梳着两条麻花辫。更让我难过的是，每次前来办事的人都喜欢找她们，我只是孤单地坐在自己的办公桌边。为了让自己融入同事之中，我不断奉献着笑声和附和声。

一次去洗手间，无意间听到两位同事议论办公室的事情，不知道为什么我也成了她们议论的对象。一个说："小李的水平那么差，怎么还安排到这个部门。"另一个说："那还不是因为单位照顾。"我站在厕所里，听到这些不由得又委屈又伤心。父亲因为工伤成为残疾人，由于这个原因，我才获得了这份工作。想起自己这一年多来的谨小慎微，却得到这样的评价，不由得心情沮丧。尽管这些同事的学历都比我高，但是，我却觉得她们很冷漠，努力和这些冷漠的人搞好关系，好吗？

从那天起，我不再在办公室随声附和，也不想再用笑声表示我的友好，没人找我办事就没有人吧，正好落个轻松。办公室每天都有报纸看，报纸成了陪伴我的伙伴，这种生活也没有什么不好的。

一天，单位开会，办公室的人几乎都去了，我自然成了留守人员。偌大的办公室只有我和负责接待的刘姐。按正常情况来讲，这个时候是不会有人来办事的，可那天，偏偏从北京出差回来的两位同事要报销差旅费，需要审核签字。平常审核的事情不归我管，所以一些要求我不太清楚，但既然留守，还是要做些事情。我拿过那些放在信封里的发票、车票进行核对。

等签字的同事坐在我对面的椅子上，不停地说他要赶时间，还说我办事效率太低，一点儿都不如办公室的某某某，笨手笨脚的。我忍不住了，把票据放进信封里，让他直接找某某某。同事从椅子上站了起来，拍着桌子说我怎么这种工作态度？我告诉他这件事情本来就不归我管。

同事说不找你签字就不签字，你这凭关系来的人，要文化没文化，要专业水平没专业水平，坐在这里凑人数！他这样说，把我气坏了，抢过他手中的信封，一言不发地给他核对好。当把信封递给他时，我脸上的肌肉都要绷坏了。

刘姐看到了这一切，拉了一把椅子坐到我身边不停安慰我。想到在这里工作被排斥，同事对我冷淡，我不由得向刘姐诉起苦来。刘姐听完，说我这个人自尊心太强了。我说难道自尊心强不好？刘姐告诉我，适当的自尊心对自己是有帮助和提高，但是自尊心太强其实就是自卑。听到这里，我愣住了。

刘姐对我说，你的学历虽然不高，但有很多优点，比如真诚、善良、谦虚，而这些都不是高学历所能换来的，勤奋和认真的人一样可以把工作做得很好。刘姐的这番话深深打动了我，这一段时间以来，我确实因为学历的问题而苦恼。刘姐说得对，学历不过是一种表现形式，要想得到社会和周围人的认可，光拥有高学历也是不够的。听了刘姐这番话，我的心变得热乎乎的。

从那天起，我不再因为自己学历低而难过，也不认为不谈时尚就是土气，我认真对待我的工作，认真对待每一个找我办事的同事，对于曾经的偏见，我用努力做出了回答。

渐渐地，我和办公室的同事交流多了起来，这才发现在她们似乎骄傲的表面下，都有着对自己未来和职业的考虑，我突然庆幸自己能够和这些对自己有要求的人一起共事了，她们教会了我怎样去思考未来。在这些高学历同事的影响下，业余时间我参加了补习班的学习，虽然人生不是由知识决定，但是知识可以帮助我走得更快更远。

在工作或生活中，当自己的水平和能力不如身边同事的时候，不要用坚硬代替自尊，将其当作保护自己的武器，当发现自己有不足的地方，应加以提高和改变，如此一切都会恢复到原来的模样。

3

过好当下，才能有远方

表妹夫收入特别高，正是如此，表妹才把工作辞了做起了全职太太。在表妹看来，做全职太太是一个女人婚姻最大的成功与幸福，所谓嫁个好人家，就应该是这种生活模式。表妹是非常满意这种生活状态的，可是姨夫姨妈却很不放心，他们希望表妹去工作，而表妹却说自己在家买买菜、化化妆，生活挺美好的。表妹夫也表示养得活老婆才是真男人，看着这一对小夫妻，姨夫和姨妈只有相视苦笑。

正当姨夫、姨妈为这小两口以后的日子担心时，表妹夫单位开始精简员工，他从一个高管变成了一名普通行政人员，收入自然下降很多。可是表妹夫仍然坚信是好男人就得养得起自己心爱的女人，于是，每天下班后开起了滴滴打车，他想用这份收入给表妹安稳的生活。表妹每次问及晚归的原因，他解释为“加夜班”。

话说那天表妹和闺蜜在咖啡店里享受美好时光，两个人从香奈尔谈到了天鹅堡，从好莱坞说到了宝莱坞，夜幕降临时，两人又想着去湖边观夜景。于是闺蜜联系了一辆滴滴专车，戏剧性的是开车来的司机竟然是表妹夫！这时，表妹才知道表妹夫“加夜班”的真相。

回到家后，表妹夫还没说什么，表妹却难过地哭了起来。表妹夫急了，一个劲地对表妹保证自己会努力，让她别担心。表妹却认为自己不是个好妻子，只想着自己的生活却没有关心丈夫的处境。表妹夫还是一个劲地表示作为男人就应该让自己的女人生活幸福。表妹听了，反而更难过了。

从那天起，表妹开始懂得在婚姻中女人不应只被照顾，也应该和身边的丈夫同进退。表妹很快找到了一份新的工作，她希望通过自己的努力能够带给身边人幸福。当姨夫、姨妈知道表妹的选择后，他们终于放下心来。姨妈告诉表妹，生活要活在当下，只有过好当下，才会有更美好的未来。表妹听了，连连点头说是。

表妹所在的这家公司，最有前途的部门莫过于销售部门，身在行政部门的表妹特别想去这个部门。回家后，她把自己的想法告诉了表妹夫，表妹夫不赞成表妹去销售部门。在表妹夫看来，在销售部门如果想要做得好，必须牺牲自己很多时间，表妹却还是想挑战自己。

表妹没有接受表妹夫的意见，她找到销售部的部长，表示她想到这个部门工作。部长不同意表妹来自己的部门，拿这位部长的话来讲，销售是要天南地北到处跑的，表妹这样娇滴滴的女孩是吃不了这个苦的。表妹还是表示自己愿意尝试。部长告诉表妹，每一个人都有适合自己的战场，做事也好做人也罢，都不要去做自己并不擅长的事情。部长还夸奖表妹的协调能力强，说如果表妹真想到这个部门来，就做这个部门的接待文员好了。

表妹喜欢销售工作源于她读过松下幸之助的那本自传，她希望能通过销售实现个人价值和传播产品文化，当她把这些想法告诉部长后，部长赞同地点了点头。部长告诉表妹，松下幸之助之所以能够成功，是因为他毕生都热爱销售这个工作。听了部长的话，表妹告诉部长她会好好考虑自己的选择。

表妹回家后，和表妹夫一起分析自己的选择，两个人从表妹的性格、能力、爱好等各个方面做了分析，得出的结果是表妹并不适合做销售，表妹真正适合的工作应该是文职工作。表妹知道后，虽然有些失望，但她转念一想，如果把文职工作做好，也一样可以实现自己的人生价值，一样可以体现公司产品的文化内涵。

从那天开始，表妹开始扎扎实实工作了，她买回很多专业的理论书籍，不断学习和实践。渐渐地，表妹变成了重要文职人员，她开始起草各项规章与制度。面对自己取得的成绩，表妹并没有满足，她知道凡事无止境，她不过是学会了把握当下，选择了一条适合自己的路。

每个人都有自己心中的远方，可通向远方的道路永远只有一条，那就是把握当下，从现在做起，不断积累。

4

暗夜中的光亮，是希望

她生了一个女儿，于是就在婆家变得不受欢迎。她实在没有想到，在21世纪里还有重男轻女的思想。婆婆对她和孩子根本没有什么好脸色，无奈之下，她只有带着孩子和丈夫一起搬进了新居。可是，丈夫始终有出不完的差，陪不完的客人，这些异常举动让她明白了自己在丈夫心目中的地位。

日子一天天过，她知道有很多东西自己改变不了，能改变的只有让自己变得更好。在工作中，她严格要求自己，有些时候近乎苛刻，或许是婆家和丈夫的态度让她感到自卑，她想通过自己的强大证明自己。

尽管她没有什么野心，可是处在这个工作位置，很多事情还是没有按照她所希望的方向进行，总有人会给她加上这样或那样的思想包袱。她无意解释也不想解释，她一直认为清者自清，浊者自浊。她原以为时间可以带走这些不快，可现实打破了她的这种鸵鸟思想。

那天她听到一位同事对别人说：“别看她每天好像挺幸福的，其实，她老公对她根本不好，装什么装！”同事的话戳到她的痛处，她想冲上去辩解，可是有用吗？那一天，她心事重重，工作都不在状态上，她甚至觉得周围所有的人都在笑话她，都在轻视她，而她却不能还击。

回家后，她看到女儿正在看卡通片，她好几次催孩子去写作业，孩子都沉浸于电视中，只随口“嗯嗯”了几声。看着女儿满不在乎的表情，她不由得想起了自己现在并不轻松的生活，她不愿自己的女儿也和自己有相似的人生命运，她要让女儿成为一个优秀的女子。在她看来，只有优秀才能摆脱无奈的命运，才能拥有自己想要的人生。

她又一次要女儿去学习时，女儿还是没有动。焦虑、烦恼、无助、愤怒多种情绪缠住了她，她再也控制不住嚷了起来，把自己生活中所有的不满通过嚷叫的方式向女儿发泄起来。女儿瞪着一双大眼睛，愣愣地看着她。看着女儿的表情，她一怒之下用力把女儿从桌前拉了起来，女儿的腿碰到了桌子，疼得叫了起来。

女儿的叫声让她清醒过来，她忙蹲下身检查女儿被撞红的腿，心里充满懊恼。女儿却轻声说："妈妈，我不疼，一点儿都不疼。"听女儿这样安慰自己，她突然泪流满面。女儿看她哭了，一边给她擦着眼泪，一边小心地对她说："妈妈，我真的不疼。"她抱住女儿，心里对女儿说了无数次对不起。

那天晚上她想了很多很多，从婚姻到工作再到孩子的教育，她知道如果自己不强大起来，还会发生向女儿叫嚷这种事情，女儿的那句"我不疼"让她明白自己缺少的是面对现实和处理问题的勇敢。女儿都懂得为了保护爱自己的人勇敢地说"我不疼"，她为什么要害怕？

从那天以后，她像完全变了一个人，过去在工作上出现问题，她首先想到的是退让，而现在，她不再轻易退让；对于同事的议论，曾经她从来就不当回事，现在，她会反言相激。她的想法很明确，自己是靠劳动生活，为什么要迁就他人对自己的态度。人，有时就是这么奇怪，你让步，人家会轻视你，而当你强硬后，就没有人会随意侵犯你了。

她从来就不认为身为女人就比男人要低一等，世界上有很多成功女人，远有花木兰，近有屠呦呦，女人一样可以为社会做贡献。这样想之后，她觉得婆家的思想太落后，没有丝毫信服感，她根本就不用在意婆家的态度。

她依然做着好妻子和好妈妈，家里被她收拾得窗明几亮，孩子被她照顾得身体健康。曾经，她把婚姻当作自己生命中最重要的部分，为了维持这段婚姻，她退让、改变自己，但是仍然得不到她想要的那种幸福。生活渐渐让她明白，不是因为相守才会有永远，也不是因为改变才会有接纳。因为身边的那个人对自己缺少爱和关心，婆家人才这样对待自己，自己才会有这样不幸福的婚姻。找到真相之后，她反而不感到难过了，因为她明白，人生这条路，她必须要比过去更勇敢地走下去。

她庆幸自己生活在这个有机会让她变得更好的时代，自信让她在职场中以有目共睹的速度成长，生活中，她变得果断、独立，让自己无须依赖任何人，她甚至和老公谈起了离婚。在她看来，一个没有尊重的婚姻，是不会得到幸福的。

生活曾经给了她沉重打击，她跌跌撞撞走了出来。幸福从来不会由他人赋予，而是来自于自己的坚强和努力。孩子的爱，像在暗夜里给她努力向前的那一束光，也正因为这一束光，让她找到了真正的自己。

5

另一种选择也很美好

宁露的老公正处在事业上升期，年龄也处于一个男人的黄金年纪。从孩子出生后，宁露便安心在家当小妻子小母亲。有时，亲友会提醒宁露：“你不工作，万一老公变心了怎么办？”对此宁露的解释是，她不是不喜欢工作，可是她天生对职业就没有规划。如果她去工作了，家里的这一摊子事谁来管。双方的老人年事已高，应该享受属于各自的人生，所以她选择了回归家庭。

宁露说她很感谢亲友对她的关心，她信任自己的老公，对于电影、小说里那种做家庭主妇被人设计取代上任的情节，她很不以为然。在她看来，婚姻的本质其实就是生活的本质——安定。

宁露从来就不担心自己会成为“抹布女”，除了信任老公这个原因之外，宁露还知道爱的基础只有爱与被爱。她说如果对方不再有爱，想要拥有其他的生活，她也不会让自己成为怨妇，更不会把自己当弃妇。在她看来，不过是爱错了一个人，并不需要押上一生。或许是宁露的这番笃定，让她对自己的婚姻充满自信。

对于“抹布女”这种说法，宁露很不以为然。她说在现代西方社会也有很多全职太太，也没有听说她们因此而成为弃妇，成为“抹布女”。说到底，“抹布女”是社会对女性的一种歧视，其把女人的人生价值定位在年轻、不被婚姻抛弃的条件上。

宁露一想到“抹布女”这个词就摇头，她说当一个女人为了家庭付出所有的时间，那个男人还因为这个女人不再青春而弃之不顾，那这个男人压根儿就是个白眼狼。恋爱的时候，男人为了赢得这段情感，总会把自己身上最优秀的地方展现给恋人看，其实，那不过是男人爱情的广告，而责任感才是男人最重要的品质。

宁露曾问老公，职场上的“白骨精”和“红袖添香”，男人更喜欢哪一种？宁露的老公并没有直接回答，而是给宁露讲了一个故事：童话世界里有一位女巫，这个女巫总喜欢向被她掳来的男人提这样一个问题：如果她的容貌可以随意变丑变美，男人会喜欢哪一种。如果男人回答得不能让女巫满意，女巫就会把掳来的男子处死。很多男人因没有给出让女巫满意的答案而被处死。直到有一天，女巫遇到了一个机智的男人，他给出了让她满意的答案。那位机智的男人告诉女巫，女人们都喜欢主宰自己的命运，变美与变丑的权力也应该由女人决定。听老公这样说，宁露不由得会心地笑了。

女人的幸福由女人自己决定，每一种生活方式都是自己的选择，有什么样的付出就有什么样的生活。选择的生活并没有好坏之分，有的只是对自己的肯定。

经济上的独立固然可以让女人掌握自己的生活方式，而精神上的独立，才是一个女人展现自己独特魅力的关键。

在家里，宁露并没有把自己变成一个邋遢女人，好的生活品质并不一定与钱有关。钱可以买到一流的瓷器，而让瓷器变成艺术品的是独特的欣赏眼光。宁露把家里布置得井井有条，沙发上的靠垫是她自己买回材料做的，配上浅的流苏和中国风设计，格外端庄和大气。邻居看了非常喜欢，问她从哪儿买的？宁露告诉了邻居一个网页，邻居打开网页上的视频，发现里面全是做手工的短片，才知道沙发靠垫是宁露手工制作的。有时间，宁露还会请邻居到自己家一起做手擀面、油煎煎饼、东北饺子等，这样的互动既让宁露学到了手艺，也让宁露交到了朋友。

宁露觉得每一个女人都有自己的活法，专心工作的人可以成就事业，留守家庭的女人也可以看到另外的风景。生活并不是只有一种颜色，女人也不是只有一种选择。生命的无限可能让生活在这个时代的女人们拥有着最幸运的时光。

宁露的饭桌成了老公的最爱，对家事不用操心的他，有着更多的时间和精力去完成他的事业规划。很多时候，宁露的老公会不由自主地追寻着宁露，他懂得宁露的付出和爱。

宁露并没有把自己的生活重心全部放于家庭上，她还会阅读做笔记，在宁露看来，一个不会学习不会提高思想认识的女人才是自我放弃，不管处于什么样的人生状态，她都让自己去吸收新知识，让自己不断成长，这也是宁露从来不害怕自己成为“抹布女”最重要的原因。一个从来就知道怎样生活、怎样选择的女人，她的人生终将美好。

6

善良的女人最美丽

美丽的女人是一道风景线，内心芬芳的女人是一首动人的诗。女人的坚强独立让女人有机会更好地欣赏这个世界，女人的温情更让这个世界充满着希望与爱。

香港电影界有一位丑角演员余慕莲。她在不少电影和电视剧中饰演丑角，给观众带去欢乐，最有名的莫过于她在《整蛊专家》中向周星驰索吻的那一段，让观众忍俊不禁，给所有的人带去了轻松和快乐。

余慕莲并不是天生长得丑，翻看她幼年的照片，浓眉大眼，称得上是一个漂亮的小美女，在曾经的《欢乐今宵》的

TVB台庆会上，她年轻时的造型也是令人惊艳的。余慕莲走上演员一行，也算是一次偶然。余慕莲的童年并不幸福，她和离婚的母亲住在一起，她的母亲是个小演员，因为生活的不易，只到十一岁，余慕莲才有机会读小学，十七岁小学毕业后，她就开始工作养活自己。

余慕莲的第一份工作是在电影院当带位员，电影让她心中的世界变得宽广起来，也正是这个工作让她争取到一次演话剧的机会，这次扮演话剧中的女主角也是余慕莲一生中唯一一次做女主角的机会。后来，她通过参加兼职角色加入了影视行业，成为TVB的一员。

没有哪一位演员不想获得出演重要角色的机会，可余慕莲出演的角色大多是配角，有的角色甚至连一句对白都没有，但这些没有影响到余慕莲的心情，对于她来讲，能够拍戏就是一件特别让人高兴的事情了。让余慕莲角色形成定位的是她在1973年演的鱼胜妹妹，这一角色奠定她了丑女形象，让余慕莲一演就是一辈子。有人问她，演了一辈子的丑角和配角，她能够做下来的原因是什么？余慕莲的回答可以用经典来形容，她说配角、丑角这些角色总需要有人去做吧。

如果说赵雅芝、汪明荃是美丽清雅的鲜花，余慕莲就是与鲜花相配的绿叶，重要的是余慕莲并不认为做绿叶有什么不好，在她看来，哪一种生活都是生活，哪一种角色都是角色，并没有太大的区别。在知名的电影、电视剧里常常能看到她的身影，如《神雕侠侣》中的孙婆婆，《天龙八部》中的瑞婆婆，《创世纪》中的佣人金姐。她的本色表演让人们记住了朴实的她。

余慕莲在TVB工作了30多年，在这30多年中，她让自己做到了独一无二的那个自己。六十五岁的时候，她参加了由设计师邓达智主办的时装天桥秀，她成为当晚的压轴模特儿。人们没有因为她的年纪或不够美丽而不去欣赏她的乐观温和之美，如同设计师邓达智所说的那样，余慕莲是喜剧的标志，她的搞笑模式容易让人接受，也被很多人喜欢。余慕莲的形象虽然搞笑，可是她的普通平凡依然打动了很多人。也正是如此，在2007年，邓达智再次邀请余慕莲成为他“九龙黄帝十年回顾”系列时装秀的嘉宾。

余慕莲饰演的虽然都是小角色，但在拍摄的时候，她从来都是全力以赴。有时为了拍好一个镜头，导演不满意，就连拍数十遍；发高烧的时候不能耽误拍摄时间，她就带病坚持拍摄，哪怕吃再多苦，受再多委屈，站在镜头前的她仍然会给大家带去欢笑。独自一个人的时候，她也会想到自己的不易，但接到工作轮到她出演了，她依然是那个美丽的余慕莲。

从TVB退休后，她拿到了一笔退休金，她从这笔退休金里拿出八万元捐建了一座希望小学，她希望通过这种做法让更多的孩子有书读，能学到更多的文化知识，她希望能够帮到她能帮助的人。

事后，余慕莲谈起这件事情说，她捐款希望小学全是出于自己的一片真心，她虽然没有太多钱，但她愿意去做这样一件有意义的事情。

余慕莲一生都没有结婚，没有得到太多家庭的关心和爱护，她凭借着自己的努力认真生活，尽管她的人生中有着悲伤的记忆，经历过世态炎凉，但她从来就没有想过自我放弃或随波逐流，她的善良让她成为最美丽的那个女人。

7

做一个不找借口的女人

王春是办公室里最能给自己制定计划的人，可是很不幸，每次她激情昂扬的计划总是进行不到一个月，便会销声匿迹。她觉得自己的英语水平是办公室最差的，于是报名参加了英语培训班，还没听她说出几句完整的英语对话，她就说这段时间工作太忙，没有太多精力去记单词；她报名参加一个瑜伽班，可去了没有几次，就说在瑜伽馆里跟着老师做还不如在家里做，既安静又能节约钱；她还参加了一个绘画班，画了没几天又说自己画得画太抽象了，不是学画画的那个料。总之，她能给自己制定多个计划，也能给自己找出无数个放弃的理由。

王春之所以一会儿给自己定这个计划，一会儿给自己定那个计划，最根本的一个原因是希望自己成为一个努力的女人。王春其实属于那种随遇而安的女人，但随着社会的各种要求慢慢渗透到每个人的生活中，每个人都在为提高自己的生活而努力。于是，被这种环境熏陶的王春也开始要求自己不断进步，因为她知道如果自己不改变就会掉队，距离大家越来越远。

王春的改变并不是她内心真正的动力所趋，也正是因为这个原因，她才会今天订计划明天放弃，她并没有找到一个可以让她全力以赴的目标，那样做，是因为社会需要她如此，她也必须如此的一种反应。

很多人都在为自己能跟得上这个社会的节奏而努力改变，却偏偏忘记了听从自己内心的声音。同事A的英语表达能力强，所以被安排去接待国外的代理商；同事B的身材好，文娱走秀总少不了她，露脸的机会多了，对她升职也有帮助；同事C会画画，人人尊称他为才子。每个人的闪光点都是王春想拥有的，可是，王春就是王春，她永远不可能成为别人眼中的王春A、王春B、王春C。

想成为别人眼中的那个人，需要的不仅仅是方向和努力，还要具备坚持不懈的韧性。王春就缺少那份坚持不懈。如果她想成为英语人才，她需要做的是潜心钻研和训练，而不是觉得不感兴趣或不想坚持就放弃。不断寻找借口的女人是品尝不到成功果实的。一位女作家曾在她的文中写道：每天早上她六点钟准时起床，清晨清晰的思维更能令她快速完成一篇文章，几年来她都是用这种办法写出很多脍炙人口的作品，无论三九或严寒，她从不给自己找任何借口，改变早起写文章的习惯。

喜欢给自己找借口的人其实根本上是懒惰的，他们怕改变打乱了他们固有的作息时间和安排，他们怕坚持影响了自己玩手机、看网络电影及休息玩乐的时间，他们渴望成功，却很难付诸行动。

心理学中的“21天效应”，其实是比较有效果的，如果做一件事情能够坚持二十一天，那么在以后的生活中，这二十一天中所形成的习惯性动作和想法会进一步影响和提醒自己。比如王春，她可以不必做另一个人，她可以选择适合她自己的事情去做，刚开始可以从最简单的开始做起，把这件事情坚持做二十一天，就是一个成功的改变了。

王春的性格和脾气都特别好，这也是她的优势。虽然社会需要各类精英，但同时也缺少脚踏实地的各种辅助人员。王春曾跟进过一次全系统的知识竞赛活动，她的耐心介绍及得体语言，让她成为那一批工作人员中最抢眼的一个。当同事把王春这一优势告诉她本人时，王春试着把这一优势运用到与其相适应的工作上，坚持一个月后，她就在这一领域脱颖而出。

在每个人的职业生涯中找到自己的定位和优势，对于个人的发展绝对是事半功倍的。不一定要做所有人眼中那颗耀眼的星星，做好那个独一无二的自己就可以了。

不需要人云亦云，每个人的情况和经历都是不相同的，不用欣羡他人的成功，在只属于个人成功的背后，虽然有着相同的努力方式，但却有着不一样的轨迹和机遇。既然已经选择了适合自己的方向并制定了目标，那在这条路上就不要给自己寻找任何放弃的借口，只有这样，才能成为别人眼中那个闪光的女人。

8

宽容，也是快乐

董枝和刘晓入职的时间仅相差一周。

董枝在这家单位工作之前就有工作经验，文职方面的工作根本就难不倒她，刘晓是个新手，所以办公室里拿信件、送文件这些事情都落到了刘晓的身上。刘晓每次看见董枝，她不是陪着领导到各个部门检查工作，就是起草会议的发言稿。刘晓心里想，什么时候她也能像董枝这样就好了。

这样想着，刘晓就开始行动起来。公司每次开完会议后，会议文件都会交给刘晓进行最后的归档与整理，于是，刘晓就利用这个机会细细揣摩文件的谋篇布局与具体写法。练习一段时间后，刘晓就摸索到会议文件如何起草、怎样布局了。

刘晓来公司半年后就到了年底，和过去一样，单位要在年底开一次总结规划会议。刘晓知道这个消息后，试着写了一份会议文件打印装订好。在给领导送文件的时候，她把自己起草的文件也递给了领导。领导看了刘晓起草的文件并指出她写作中的一两处问题，还鼓励刘晓继续努力。刘晓鼓起勇气对领导说，如果以后有会议文件起草，她也想参加。领导同意了刘晓的要求。

出了办公室，刘晓高兴得手舞足蹈，她觉得自己的前景一片光明。当她把这个消息告诉董枝时，董枝一脸错愕，但嘴上还是说这下好了，她可以轻松一下了。当刘晓正式被领导通知参加文件的起草后，董枝脸上的笑容转瞬即逝。

从此，单位开会或是做月度总结报告，刘晓都会参加文字起草工作。具体程序是她把写好的文件交给董枝，由董枝进行润笔，最后交给主任最后定稿。虽然每份文件最后都会有各种改动，但刘晓仍然感到开心和快乐，她觉得自己成了一个有用的人。

办公室其实是个特别小的社会，你受了委屈不会有多少人和你一样难过，可是取得了成绩，那就可能会招来各式各样的羡慕嫉妒恨，这种情况在刘晓身边很明显。不知从什么时候起，董枝对刘晓不再像过去亲切了，有时刘晓写好的报告递给董枝审核，董枝总会挑出各种毛病，次数多了，刘晓也悟出来一点儿什么。

一次，刘晓写的年终总结报告被董枝找理由修改了不止十次，可董枝依然要求刘晓再改。刘晓很恼火，她对董枝说："如果董秘书觉得我写的文件达不到要求，就麻烦董秘书亲自执笔好了。"董枝听了，冷着脸告诉刘晓："既然你不接受意见，那我就直接把这份文件交到主任那里。"

刘晓想自己这份文件措辞和内容都不会有问题，所以就没把董枝的话放在心上。谁知，领导却把她叫进了办公室，指着她所写文件上的一处错误说，行政文件不需要像文学稿件那样有太多的修辞和理由，公文就是公文，把原因、事件交代清楚就可以了，不需要加入一些人为的情感。

领导还告诉刘晓，初入职场，不仅需要勇气，也需要谦虚谨慎，要学会倾听不同的声音，也要接受不同的意见。刘晓听了，虚心地点了点头。

从领导办公室出来后，刘晓并没有像董枝希望的那样对她有意见，反而对董枝更尊敬了。一次全单位大会，总经理拿着董枝起草的总结稿在台上进行宣读，令人意想不到的事情出现了，董枝的总结稿前言不搭后语，说的完全是两件不同的事情！幸亏总经理反应快，脱稿完成了这次总结大会。

事后，领导批评了董枝，说信任董枝才没有审核，没想到出现了这样的漏洞。从此，办公室所有的任务都交给了刘晓，董枝起草的文件全部由刘晓审核，董枝的脸色变得越来越难看。

董枝出现的问题也让刘晓明白行政公文的基础在于严谨，而非文笔，所以刘晓对每一份通知文件都认真对待。对于单位的一些重大文件，刘晓还是会交给董枝去做，她并没有因为董枝曾经刁难自己而为难董枝。

同事们说刘晓真傻，董枝当年那样对她，就是想让领导取消她起草文件的资格。这样的话不是没有传到刘晓的耳朵里，但在刘晓看来，宽容让自己内心磊落、心情愉悦，也是团队健康积极前进的保证。

职场里，为了名利，有些人会做出各种中伤同事的事情，而刘晓却认为，与其把时间放在这些伎俩上，不如专心提高自己的能力和业务水平，这才是职场丽人的立身之本。

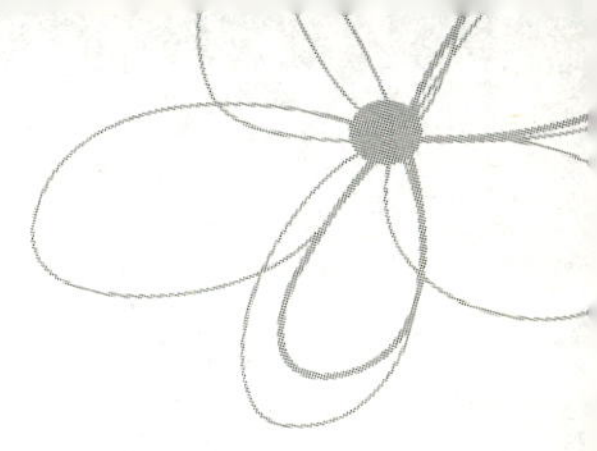

第 六 章

C H A P T E R

「你是唯一，自然高贵」

每一个人都是最美的生命，
都值得尊重和欣赏。
然而生命的美与优雅并不都能得到赞赏，
有时也许会遭遇嘲讽或成为人们妒忌的牺牲品。
这些来自他人的情绪不应成为否认自己的标准，
要记住，你是唯一，自然高贵。

1 只有爱才是打开幸福的钥匙

她坚信他就是能给自己人生幸福的那个人，岁月见证了她的选择，他和她共同创造了两个人所希望和憧憬的美好人生和幸福婚姻。

她并不是带着父母的喜爱来到这个世界上的，她的父亲没有因为她的出生而承担起一个做父亲的责任，母亲（是位演员）必须工作才能养活自己和孩子。于是，两岁的时候她就被寄养在姨妈家，陪伴她的只有风和静静的午后，她的整个童年就是这样度过的。也许正是有着这样的童年经历，才使得有一个幸福美满的婚姻成为她人生最重要的追求目标。

长大后，受母亲职业的影响，她成为米高梅公司的一名电影演员，和她同时期的女演员有伊丽莎白·泰勒、克拉克·盖博，可是无论她怎样努力，还是没能成为星光灿烂的明星。可在这个电影王国，她认识了他。

那个时候，她的名字与另一位女演员一样被认为是同情美国共产党的分子（那个年代美国也强调政治风向），为了证明自己是此非彼，她找到任工会主席的他给予澄清。在他的帮助下，她澄清了她的身份，因为他的坚定与可信，她认定他就是自己一生要找的那个人。

他是一个性格乐观而且责任感很强的人，不知不觉，她的美好吸引了他，两个人开始从朋友成为恋人。认识两年后，他向她求婚，两个真心相爱的人走到了一起。

他一直都理解她从小就有的那种不安全感，他告诉她只要有他，什么都不要担心和害怕，他成了她最完美的守护者。她时刻感受到他的爱，他的爱让她的生活充满阳光。她爱他，为了给他最好的生活，她把所有的时间都放在家庭生活上，她的细心和温暖，让他无论走到哪里都能感受到她的味道。而他也给她拥有自己想要的生活的机会，哪怕他身为总统，只要接到她的电话，他都会耐心倾听她的述说，在他看来，一个丈夫如果不能给妻子安全感和幸福感，那么也绝不可能让他的国家有安全感。

半个多世纪里，她和他拥有数不完的回忆，他在给她的信中写道："要世界上最动人的女人在每一日都增添妩媚。"她在他的身边确实貌美如花，得到了最大的称赞和信任。

八十三岁时，他被诊断出老年痴呆症，他的记忆力渐渐衰退，刚开始时会忘记事情，时间久了，连身边最亲近的人他都认不出来了。过去的他，会陪她散步，会听她说有关生活的琐事，会和她一起布置家居，可现在，他只会坐在椅子上，什么都不会说，什么都不会做。得知他的病情后，她没有害怕也没有退缩，她知道，她绝对不会离开他，她要陪着他，给他最好的照顾和生活。他记不清的事情，她来记，他不会做的事情，她来做，既然相爱，无论什么时候都要在一起。

她学会了保护患病的他，因为她知道健康时的他是多么帅气，多么在意自己的一切，她要让人们记住他最好的样子。餐桌旁，她仍如过去那般深情地看着他，尽管他记不起来她是谁，但脸上却是满满的信任。

过度操劳的她患上了乳腺癌。面对自己的疾病，她积极治疗，因为她担心没有她，他该怎么办！谁来细心照顾他，谁给他读诗，谁推着他去湖边散步？正是有着这样的不舍，她才战胜了病魔，她陪着他走完了他的人生之路。他去世时九十三岁，成为美国历史上寿命最长的总统——杰拉尔德·鲁道夫·福特总统。

没有了他的陪伴，她并没有安然享受自己的晚年生活，她积极致力于老年痴呆症的研究和治疗，虽然她爱着的人不可能因为这项研究受益了，可她要把对他的爱带给更多需要帮助的人。

生活、爱情、婚姻从来都不是阳光灿烂，可是那又怎样呢？对于命运安排的苦难，我们可以用温暖的爱换来幸福的微笑，一路上有爱相伴，人生从此不再荒凉。

2

身为女人，自然骄傲

从韩娜的曾祖父开始，韩家就几代单传，当年韩娜出生的时候，爷爷焦急地站在产房外，当护士告诉他生了个女孩的时候，爷爷一脸的遗憾。

从小，韩娜就听爷爷感叹她是个丫头，让老韩家没有了指望，韩娜的父亲也是这样认为的。所以，韩娜一直觉得自己在这个家里不受欢迎，这种感觉一直持续到她上小学。

在班上，韩娜总是那个喜欢低着头、老师提问半天回答不上来问题的学生。刚开始，老师以为韩娜刚上学胆小，可是一学期过去了，她还是那个模样，而且无论班上哪位同学欺负她，她从来都是默默承受。老师觉得韩娜的表现太难以理解了，于是，她进行了一次家访，在这次家访中这位老师才知道其中的原因，她不禁心疼起韩娜来。于是，她经常借给韩娜各种书籍，还鼓励韩娜参加学校组织的各种活动，在这位老师的帮助和鼓励下，韩娜的性格渐渐变得活泼、开朗、自信。

在爸爸和爷爷的质疑声中，韩娜上了重点初中，又考了重点高中，她的爷爷和爸爸看在眼里，惭愧在心里。当韩娜考上重点大学的时候，她的爷爷去世了。爷爷在去世前告诉韩娜，他爱韩娜，他觉得韩娜是韩家的希望，他为韩娜感到骄傲！

韩娜慢慢理解了爷爷和父亲，她不怪他们了。她的优秀让她不再感到自卑，她清楚地知道自己未来将会选择怎样的人生道路。

大学毕业后，韩娜没有像其他同学那样去知名企业或事业单位工作，受那位小学老师的影响，她到一家培训机构当了几年教师。之后，她选择了创业，和几个朋友开了一家教学工作室。刚开始的时候，学生数量不多，几乎毫不盈利。

当时一起投资的朋友都撤资了，韩娜坚持了下来。

最难的时候，韩娜两年都没有买新衣服，她把全部的精力都投入在备课、辅导孩子上。渐渐地，她的工作室有了名气，学生越来越多，她终于实现了自己的梦想。

工作室做出了名堂，她开始有更多的时间陪伴家人了。父亲曾说过，他最想去的地方是北京城，想看北京老胡同，想到北海玩，还想爬香山和万里长城。那年初秋，韩娜带着父亲游遍了北京城，当他们登上万里长城的时候，韩娜感到前所未有的自信与快乐。身边的父亲也是一脸满足与幸福！父亲告诉她，有她这样的女儿他感到欣慰与幸福。

北京游之后，韩娜爱上了旅游，也爱上了摄影。她利用休假时间走遍了祖国的大好河山，走的路越多她对人生的理解也越深刻，她开始把自己的所思所感写在网上。她在一篇游记里写道："曾经很长一段时间，家中的长辈因为我身为女性而对此感到失望，因为在他们看来，女人不仅不能把握自己的人生和命运，而且一生都只会围着锅台家庭转，没有自己的选择也不懂得去选择。但是随着知识的积累，年龄的增长，我却越来越为自己身为女人而感到骄傲！因为我可以依靠自己的力量让自己过上想要的生活，可以让自己爱的人实现自己的愿望，生活处处是美好，到处是芬芳。”

在生活和工作中，女性因为性别的原因，可能会受到某些不公平对待，可这并不能成为女人放弃工作或抱怨生活的关键。生活中哪里都会有不平等，但是如果拥有学识，坚强而独立，就可以把握人生的走向。

从花木兰到英国女王，从勃朗特到居里夫人，无论在哪一个领域，女人们都用自己的智慧和美丽诠释着身为女人的骄傲，从这些优秀女人身上可以清楚地感受到她们的聪慧、她们的执着，还有她们骨子里只属于女人的风华。

3

让你犹豫的不是“小动作”

莫天天是一位新来不久的行政小文员，和她同办公室的还有一位同事沈心。

莫天天性格温和，工作没多久，就和各个办公室的同事混熟了，莫天天的文笔很优秀，工作也做得挺到位，没多久，就听到有同事说莫天天会被调到秘书室。一天，沈心有意无意地说起了这个问题，莫天天随口答道能调到秘书室工作也是蛮不错的。话说完后，莫天天并没有注意到沈心的脸变得黑沉沉了。

经营部门送来了最新的销售数据文件，莫天天把这份文件接了过来，销售部送文件的同事还提醒莫天天尽快把这份文件交给总经理，莫天天答应了。可当莫天天送文件的时候，总经理已经下基层了，莫天天回到办公室后顺手把文件放进文件夹，忙起其他事情来。

谁知，莫天天一工作起来就把这件事情给忘记了。当沈心拿着几份文件从她身边路过，随口说把莫天天的文件也一并带去交给总经理时，莫天天想都没想，顺手就把文件夹递给了沈心。

下午销售部来电话，问莫天天那份文件送上去没有？莫天天说送了。可是对方却说总经理正在催着他们部门要这份数据。莫天天连忙找到沈心问缘由，沈心也是一脸莫名的样子，她告诉莫天天，那份文件她递给总经理了。

最后，莫天天因工作不力，被扣除一个月奖金。当时如果不是主任拦着，依总经理的脾气，会辞退莫天天的。面对莫天天怪罪的目光，沈心倒是一脸的委屈，她对其他同事解释说，莫天天自己忙着给杂志社写稿，忘记给总经理送文件，自己帮她送过去，谁知道是怎么回事！

当有同事把沈心的这段话告诉莫天天后，莫天天才知道原来是沈心在背后做手脚。莫天天找到了总经理，把事情的原委解释了一下，总经理却说不管莫天天有什么理由，那份文件确实没有交到他的手上。那个数据关系着单位下一步销售计划的制定，所以他才要第一时间看到。莫天天没有再替自己辩解，她这样问自己：一个上战场的士兵，要去上前线时，却把枪弄丢了，敌人会给他时间寻找枪支吗？

经历这件事情后，莫天天成熟了许多，凡是她经手的事情，她一定亲自完成，不再假借他人之手。莫天天的工作又恢复了正轨。可不知道又从哪里传出来的消息，说莫天天攀上了总经理，事情说得有板有眼，有时间、有地点、有证人。这样的流言杀伤力很大，莫天天品性不佳的评论渐渐在公司传开了，可这种事情，没有一个同事敢告诉莫天天。

看到同事们大多用怪怪的眼光看自己，莫天天根本就不知道自己哪里出问题了。直到那天，莫天天因为没来得及给一位同事签字，脾气暴躁的同事就用这件事情奚落莫天天，把其当作对莫天天不签字的报复。莫天天听到这件事情后惊得目瞪口呆。她和那位同事争吵起来，在莫天天看来，沉默意味着妥协。

职场上的事情有时发展出乎人们的想象，莫天天很少和别人谈起自己的私事，却莫名成了他人“小动作”的牺牲品。

哭过之后的莫天天想清楚了，有人之所以这样针对她，原因还是出于妒忌，面对这样的人，只有把各项工作做得最好才是最有效的回击办法。莫天天是这样想的，也是这样做的。从此，办公室无论什么事情，只要是她能做的她都默默无闻完成。她并不觉得辛苦、吃亏，她把这些当作一种学习、一种锻炼，她的业务能力因此越来越强。后来，莫天天被安排到后勤部，成为这个部门最年轻的后勤部长。

面对不知从哪里来的“小动作”，最有效的办法就是提高自己，只有当自己具备了他人不具备的条件，能够解决他人不能解决的问题时，这种价值的显现才会直接带来改变。如果沉于他人的伤害而不能自拔，那最后伤害自己的就不是别人的“小动作”，而是自身的迷茫了，那才是最大的损失。

无论遇到什么事情都要相信自己，当把自己的注意力放在提升个人能力和改变上时，遇到的那些事情反而会成为你前进路上的助力。

4

女人的人生靠自己主宰

酷酷群里的群友在群里谈得热火朝天，一位群友提出了这样一个问题：女人结婚后，才发现生活原来不是她想象的那样简单，生活的不易让她不断强大，可在一天天强大的过程中，她却发现曾经的爱情已经没有了。这是不是说明，强大和爱情是不相容的？群友们对这个话题纷纷各抒己见。有的说女人强大了才能过上自己想要的生活，有的却说一个女人太过于强大会让男人们望而却步，还有的说，婚姻中没有谁比谁强，有的只是爱或不爱的一男一女。

曾经有一对在世人眼中最模范的夫妻，妻子可以说是十全十美的女人，长得美，家世好，毕业于名校，事业成功，遇上了她爱和爱她的那一个人。她的朋友说这世间上所有的好事都被她一个人占了。她爱的人也是一位俊才，但在事业上却没有达到妻子那样的高度，可当时，两个人心心相印，结婚的时候，他们收获了世上最多的欣羡和祝福。

这样的婚姻，在世人看来是完美无缺的，可是十年后，没有一个人会相信当年的那个男人居然出轨了，出轨的对象没有哪一点儿比得上她。

那位妻子知道了这件事情，不解地问丈夫为什么会做出这种事情？丈夫没有答出来的答案却被其他人揭晓了，原因是这位妻子在婚姻中太能干、太坚强了。无论遇到什么事情，这位妻子都自己解决，从来没有依靠过丈夫。从这对夫妻的经历来看，似乎印证了女人不能在婚姻中太强，而是应该如小鸟依人般才能获得幸福。然而事实的真相并不是这样。

那位美丽能干的妻子选择了离婚，理由是她的丈夫没有真正懂她，也没有真正地爱她。因为爱，她才在婚姻中选择坚强，她只不过是想把最好的一切给爱着的那个人，结果反倒成为他背叛她的理由。在这位妻子看来，这样没有自信的男人，她也没有自信能继续待在他的身旁。

离婚后，那位女人勇敢地接受了新的恋情，又结婚了。婚后，她依然和过去一样坚强，依然用自己的力量给自己的家庭带去幸福和安定。而她的这位丈夫，却没有因为她的坚强而觉得委屈了自己，反而为自己娶到了这样一个优秀的妻子感到幸运，两个人过着平静而幸福的生活。生活的安定让她有更多的时间放在事业上，她不断取得成绩，他成了她背后默默奉献的男人，他觉得这也没有什么不好。因为，他爱的一直是她这个人，一直享受的是和她在一起的时时刻刻。

女人的强大不是幸福婚姻的阻力，没有爱情和理解才是婚姻的阻力。

曾经有一则八卦故事，一位非常美丽的女人终于如她心愿，嫁给了她爱的一位男人。在没有结婚之前，这位美丽的女人有自己的生活圈子，也有自己的事业，可是结婚之后，丈夫成为她所有的一切。她原以为这样是最完整的付出，可是，她的在意却让身边的丈夫离她越来越远。

她接受不了这个事实，可是不管她怎么哭闹，想办法，依然不起作用。她不明白，为什么自己全心地付出却得不到自己想要的一切。其实是她自己没有意识到，当她放弃了自己的时候，她的世界里就没有了自己。一个没有自己的女人，是不可能感受到自我与幸福的，因为所有一切对她的肯定全部来自于外界，来自于他人。

那天，当她在街上遇到一位对丈夫言听计从的妻子时，她才明白了过来，一个没有自己观点和世界的女人，永远不可能得到自己想要的一切。从那以后，她开始在婚姻中保持自我，当她重新做回过去的那个自己的时候，她惊喜地发现，原来她所担心和在意的，其实根本就算不了什么。

聪明而了解生活真相的女人，无论在什么时候或者处于什么生活状态，都会选择相信自己。不管是温柔的女人还是坚强的女人，不管是单身女人或是处于婚姻中的女人，都应该知道，只有自己才是生活的引路人。不要把幸福和幻想寄托在他人身上，因为女人的人生主宰从来不是男人，而是自己！

5

笑对人生得与失

拿莫小羽的话来讲，这几年是她最不顺的时候，她一直供职的公司老板转战其他省份，她只有选择辞职。可是依她那个年纪，再想做到曾经的职位，也不是一件容易的事情。经济收入的减少，让这个曾经不为钱操心的莫小羽开始为钱操心起来了。也正是因为钱，莫小羽怎么看自己的老公都不如恋爱时那般顺眼了。

当年追求莫小羽的除了现任的老公，还有一位做贸易的男生。对于为什么选现在的老公，拿莫小羽的话来讲，当时觉得他更懂得生活一些。从农村考到省城的老公，在学校里一直是勤奋生，可是因为他生性木讷，所以工作这么多年了一直都是小科员。

过去有莫小羽的收入，他们的小日子过得还是非常不错的，可是，随着莫小羽收入的减少，生活就没有过去那样富裕了。除了物质的改变之外，让莫小羽生气的还有老公的态度。

在莫小羽看来，自己困难的时候，老公就应该挺身而出承担起家庭的重任，可是老公和过去一样没有什么变化。莫小羽的老公在单位是一个按规矩办事的人，想让他马上转身成为一个顶大梁的人，对他来说实在是件不容易的事情，就算他把自己所有的收入交给莫小羽，莫小羽还是会觉得自己的老公不思进取、袖手旁观。

莫小羽的老公嘴拙舌笨，不知道怎样去向自己的老婆解释，他唯一能做的就是利用业余时间做一些副业，比如开开优步，兼职做销售等。令人称奇地是，莫小羽的老公对销售无师自通，很快成为销售高手。当他成功卖出第五台产品的时候，他马上打电话和莫小羽分享了这个好消息。

莫小羽的老公开始了他人生中最重要的改变，同样，莫小羽也在改变自己。莫小羽发现任何职位都不能保证她的人生无忧，于是她萌发了自己创业的念头。莫小羽和其他女人一样，特别喜欢漂亮的服饰，她选择到武汉有名的订制时装一条街当店员，她要从头学起，从头做起。

两年后，莫小羽开了一家门店，她开始做起了订制时装的生意。这订制时装说得通俗一点儿，就是裁缝。莫小羽知道做好生意的关键并不是直接从服装市场批发衣物，而是要有自己的创意、自己的特色。为了做好这家门店的老板，她还去学了服装设计。

刚开始莫小羽的成衣店没有像她所期望的那样变得红火。有一阵子，莫小羽天天为房租、工人的工资发愁，甚至她还萌生了关掉这家小店的打算。可是，她实在是不愿意放弃自己的人生梦想，她想了很多法子，最好的一个办法就是她把做好的衣服拿到夜市上去卖。莫小羽就是用这种方法坚持了下来。

人生的道路上，有很多时候会出现一些自己根本意想不到的事情，在这个时候，不要慌张，也不要抱怨。要学会寻找新的方向，开始新的努力和改变。在努力的过程中也不要认为有了付出，马上就会得到收获，有时还需要耐心等待，因为梦想的种子也是需要时间来发芽的。

一位女友，在属于她的工作岗位上工作了近二十年，这二十年中，比她后来的，升职了；学历不如她的，也成了某部门的领导。只有她，二十年来，一直没有任何变化。

女友所在的部门要提拔一个人作为本部门的主任，听到这个消息以后，女友所在部门的人全部都活络起来。因为每一次的提升都是和个人的收入与前途联系在一起的。有同事说女友不要在这方面动心思了，理由只有一个啊，二十年都没有提升，哪还有机会给她呢？

二十年来，女友没有改变她的工作际遇，但是女友还是那个自己。不管人家怎么想怎么看，她都傻傻地做自己。在同事们忙着向领导表忠心、套近乎时，女友却把她的时间花在积累工作经验上，用在提升个人能力上。

女友的论文终于上了国家一级刊物，而且她所提出的管理思想和办法受到不少业内人士的肯定，女友一下子在单位成了新闻人物，终于有人注意到女友了。

朋友聚会时，大家都夸奖女友沉得住气，厉害，而女友却告诉大家，她从来就没有放弃过自己，这二十年来一直如此，哪怕等待的时间再长久，她也一直行走在路上，对此，她一直充满着信心。

得与失，从来都只是相对的，所以，不必太在意一时的得与失，行走在路上的人，总有一天会到达目标的终点。

6

成为最好的自己

没有任何解释，李珍珍被领导从原来的岗位上调了下来，领导给的唯一解释是她年纪大了，该把机会让给年轻人。后来有同事悄悄告诉李珍珍，她的这个岗位人家早盯上了，接替李珍珍工作的人出现后，李珍珍发现她除了比自己还年长三岁外，还是某位领导转了几个弯的亲戚。

也是从那天起李珍珍才明白职场上有时是没有规则可讲的，可就算她明白，又能怎么样。想不通的时候，她找到了父亲，把自己的烦恼说了出来。年过七十的父亲从柜子里拿出一本影集，指着其中的一张照片给李珍珍看。

这张照片李珍珍看过多次，是父亲和两位朋友的合影。老人指着左边的王叔叔，告诉李珍珍，为了修理线路，他从几米高的电线杆上摔下来，那个时候王叔叔的第二个孩子刚出生没多久。面对这种情况，王叔叔的妻子承担起家庭重任，一个人带着两个孩子生活下来。

老人又指着站在中间的那位长发的年轻人——那个被李珍珍称作胡伯伯的人说，胡伯伯一家搬到了北京，只不过是因为他喜欢老舍的《四世同堂》，迷恋上了这位作家，于是想尽一切办法去北京。胡伯伯说只要沾上了北京的空气，就能和老舍生活在同一片天空下了（虽然那个时候老舍早已离开了人世）。在胡伯伯的这份坚持下，他用了十年的时间，居然把这件当年看起来不可能完成的事情办成了。

李父告诉李珍珍，这人啊，只要心之所向，真没有什么事能难得住。李珍珍懂得了父亲的意思，她给自己定了新的要求和目标，不仅从这件事情里走了出来，还寻找到了新的努力方向。有时，挫折不过是一个不和谐的音符，神奇的乐手总能把它变成点缀，演奏出美妙乐章。

贺琳是家里的独女，贺琳的这份工作是她父亲努力的结果，大家都知道贺琳虽然长得漂亮，但却无所长。

贺琳的爸爸知道贺琳的水平，他知道如果他不能安排好贺琳的人生，自己退休以后，贺琳会过得很难。他想来想去，只有给贺琳找一个能干的男朋友，这样她以后的人生自己就放心了。

也不知道是有缘还是有意，同和贺琳一起工作的尹平向贺琳示爱了，银行的同事们都说尹平是看中了贺琳的家世，可尹平对贺琳温柔的性格和美丽还是在意的。尹平和贺琳的恋情传出后，贺琳的父亲问过贺琳对尹平的看法，贺琳说尹平的冷静和睿智是她所不具备的，她愿意和尹平成为男女朋友。贺琳的父亲听女儿这样分析，同意了他们的交往。

一年后，贺琳和尹平结婚了，两年后，尹平成为这家银行支行的副行长，三年后，尹平上调到总行。尹平的成功让贺琳的生活质量逐步提升，贺琳万事都很顺心。可是一次在洗手间，她无意中听到同事们议论她，说她如果不是有个好爸爸、好老公，就凭她的水平，无论在哪家银行都是个垫底的料。

贺琳听了这段话后一直没有对父亲和丈夫提起，她也觉得自己的人生不是在父亲的安排下就是在尹平的照顾下度过的。虽然生活过得一直很平静、很优越，可是，她也有心病，那就是每当看到尹平在工作上取得新成绩，她虽然高兴，但心里还是很惭愧的。比如，出席尹平的同学会，她能说的不过是哪家的菜好，哪家衣服的品位高，别的她实在是谈不出来。看得出来，尹平朋友及他们的妻子和自己的丈夫是同一类人，只有自己不是。她从来没有把这种想法告诉过尹平，但是，她知道，如果自己不改变，总有一天，她会离尹平越来越远。

贺琳告诉父亲和尹平她想开一家花艺店。父亲听了后说贺琳胡闹，说她好好的生活不去享受，非要去蓬头垢面做这些事情。贺琳告诉父亲，她想做一个依靠自己力量来证明自己的人。父亲问她，难道现在不是过着这样的生活吗？贺琳摇了摇头。尹平却同意贺琳的决定，他告诉岳父，不管贺琳做得怎么样，他都会一直在贺琳的身旁陪伴她。

花艺店不比正常上班，每天除了到鲜花市场购花购材料，贺琳还要学习如何插花。她变得没有午休时间，不能准点下班，创业从来不是想象的那样简单，有好几次贺琳都想放弃。可是，只要她一想起曾经那两位女同事的对话，一想起尹平的同学会，她就坚持了下来。

贺琳的花艺店渐渐走向正轨，找她订花的单位和个人越来越多，她终于用自己的力量向所有人证明，不依靠任何人仍然可以成为最好的那个自己。

7

你是唯一，自然高贵

肖红从小是家里的宝贝疙瘩，家人的宠爱并没有让她养成娇气、柔弱的性格，反而培养了她良好的责任感。工作几年后，她就和单位一位来自外地的男青年确定了恋爱关系，没多久就结婚了。虽然没有豪华的婚礼，但肖红认为只要两个人共同努力，生活一样可以过得快乐幸福。

生活的变化来自于肖红成了母亲，虽然肖红很愿意为孩子付出，但她不可能带着孩子去上班。这种情况下，肖红只好让丈夫把外地的婆婆请来帮助带孩子。

在此之前，肖红就听说过婆媳关系不易相处，可是肖红不信，她觉得婆婆也是妈妈，肯定也会如同自己的妈妈那样心疼和理解自己。尽管肖红做了很多思想准备，可她还是没有料到婆媳关系成了她婚姻中的一个大问题。

在婆婆看来，哪个女人不生孩子，哪个女人有了孩子不管家不工作？婆婆让肖红每天下班回家必须得买菜做饭。有一次肖红加班，婆婆也等着她回来做饭。婆婆还埋怨肖红上班没有个准头，孩子饿了当妈的也不心疼。刚开始的时候，肖红以为婆婆不会做饭，只能依靠自己，可是，当小姑子从外地来时，婆婆却自己买菜做饭了，而且准时开饭，只是留给肖红的常是冷饭冷菜。

肖红心里很受伤，作为家中的独女，她从小就被家里人关怀备至。可是，为什么嫁到婆家，就是这样的一种待遇？这样的生活细节她不能告诉父母，她怕父母伤心。她对老公提起过这些事情，老公听后仍然是一边看电视一边哼了几句。肖红从老公的态度中明白丈夫对此并不以为然。

肖红有时会抱着孩子去女友家散散心，当年她曾阻拦过女友的爱情，可是女友和肖红一样，只相信爱情，只相信自己眼中的那一个人。肖红问女友过得好吗？女友告诉肖红，如果是爱情，还行；如果加上婆家，还是有点儿吃不消。女友还告诉肖红，除了自己忙不过来能在婆家吃饭外，婆家对她的那个家从来就没有帮助过。肖红听了很想告诉她，自己在婆家，如果不亲手做饭，是要饿肚子的。可是话到嘴边，肖红咽了下来，她想丈夫是自己选的，说这些也没有多大作用。

婆婆对肖红的态度直接影响了肖红的心态，她曾经是自信和骄傲的，婆婆的冷漠，老公的袖手旁观，让肖红有了一种挫败感。为了赢得婆婆的好感和承认，肖红在家里什么事情都做，她从来就没有周末，和她年纪相仿的女邻居逛商场或看电影时，肖红不是在菜场买菜，就是挽起衣袖在家里当清洁工或厨师。她以为用这种勤劳方法可以获得肯定，可是婆婆和老公反而越发认为肖红的做法是理所当然的。夜深的时候，她不止一次问自己，这就是自己想要的婚姻吗？她摇头，这样的婚姻让她觉得寒心。

得不到家庭成员的关心和肯定，肖红变得越来越不自信了，在工作中，无论是对同事还是领导，她采用的是和在家里一样的办法，退让、讨好！可是，她所有的付出和在家里一样，没有得到任何人的接受。领导看到的是肖红一结婚，工作能力和工作态度就下降了，于是不再对她委以重任；同事呢，觉得肖红就是一个软柿子，怎么捏都可以，可她们却不知道，肖红的心里其实在呐喊。工作和家庭都向肖红亮起了红灯，肖红开始变得焦虑和沮丧，她越来越怀疑自己，越来越胆怯。

肖红的改变来自和高中同学的一次偶遇，曾经的那位女同学看到肖红不由得吃惊地问道，为什么她变得如此苍老？肖红看着同学精致的脸，岁月似乎没有在她身上留下任何痕迹。老同学告诉肖红，无论遭遇到什么，都不能放弃自己，要不然人生就全完了。

人生就完了！听到这句话肖红愣了：她不过才三十多岁，还有很多理想和愿望没能实现，她不能在这个年纪就结束对人生所有的期望。肖红不记得是怎样和同学告别的，但是那天回家后，她想了很久很久。

第二天，肖红就开始改变自己了，她开始控制饮食，她想要恢复最好的自己。她开始懂得他人的承认与肯定不是自己生活的重点。她记起读过的一段话："如果把关注点放在那些莫名其妙讨厌你的人身上，那每天接收到的信息都会让你烦恼不断。如果你把关注点放在20%喜欢你的人身上，每天都是如沐春风。”肖红不再把注意力放在那些不懂得欣赏她优点的那些人身上，她把目光放在重塑自己上，慢慢地她找到了自己，变得独立、勇敢起来。

生活是一位雕塑师，没有人不经历生活磨难就被雕塑成功的。肖红在思考和改变中重新找回了自己，她知道，自己的人生自己做主，因为自己是唯一的，所以要活得高贵。

8

最美的勋章

年轻的时候，她是美女，漂亮且聪慧，毕业于美国伊利诺大学。很多人认为，她既漂亮又有才华，她的人生一定是完美和幸福的。人们总是习惯于用学历或职业评判一个人的成功与否，却很少关心其背后的故事。

一次同学聚会，她和他相识了。他对她特别有好感，于是便邀请她一起去看球赛。于是，这样一场球赛便成为他们爱情的开始。那个时候，他们还在求学，他学的是戏剧，她学的是生物。繁忙学业之余的每一次相会，都成了他们最难忘的回忆。在相恋五年后，他们走进了婚姻。结婚后，两个人依然把学业放在第一，依然聚少离多，但是无论两个人离得有多远，两颗心都紧紧在一起。

在很多人的印象里，婚姻应该是女人的全部，结婚后就应该走相夫教子这一条道路，可是，她并没有这样选择，她选择了做一个有能量的女人，她的这种选择在以后的生活中，成为他们最强大的依靠。

获得戏剧导演和制片学位的他，毕业后就潜心在家里写剧本、看影片，他想拍出有自己特点的片子，可在美国，一个才毕业不久的华人新手，哪里会有好的拍电影的机会等着他？生活中，除了梦想，还有柴米油盐，他不能在没有生活费的情况下，谈梦想和远方。

为了让生活过得好一些，他想去做电脑程序员，他想承担起这个家的责任，可是这个决定被她知道后，她很生气，她对他说：“电脑程序员有很多，不差你一个！”她让他安心追求自己的梦想，她来承担家庭的所有生活开支。

对于很多女人来讲，要嫁就嫁高富帅，要嫁就嫁给能给自己带来好的物质生活的男人，这样才叫作嫁得好，可是，她却没有这种想法。整整六年，他一心扑在自己的梦想上，而她呢，除了完成个人的学业外，还挑起了家里的生活重担。在她看来，既然选择爱了，就要一直走下去。

一个女人负担生活的所有，不是没有困难，也不是没有艰辛。在最难的时候，她也感叹过，也流过泪，可是流过泪后，明天依然要继续，生活依然要走下去，她渐渐发现自己没有时间和精力去感叹，她所有的时间都拿来完成学业，过好平静的家庭生活上。他不是不懂得她的不易、她的难处，也正是因为懂得，他必须要让自己前行，他要给她最好的礼物——拍出属于他的影片献给她。

他的努力终于有了回报，一部《推手》让他崭露头角，一部《理智与情感》让他成为好莱坞的一线导演。看着他的成功，她欣慰地笑了，而她也在这几年的时间里蜕变成了最优雅、最坚强的女子。

成名后的他和她一起去超市买菜，他被别人认出来了，人家说她真幸福，有一位名导演丈夫陪着她买菜。她听了，却说是她陪着他买菜而已。她没有让自己成为那种小鸟依人的女人，她的坚强和柔韧早已注定她是自己人生的主角。

这位六年没有工作的男人，名叫李安，默默支持李安的女人，名叫林惠嘉。她的独立、自强给女人做出了榜样。

没有爱情的时候，很多女人是独立而美好的，选择婚姻之后，生活的困难和一些意想不到的问题，会让女人迷惑、软弱。“妻以夫荣”“丈夫是女人最好的依靠”等观点成了女人评价自己婚姻好与坏的标准。当老公能力有限无力解决问题时，女人会抱怨自己嫁错了人，有的甚至会对婚姻感到失望。其实没有哪一对夫妻的生活是完美无缺的，在现代生活中，婚姻已经不再是改变女人命运的唯一途径了。

婚姻是一种人生体验，所拥有的心境不同，做出的选择和决定就不同，看到的风景也是不同的。依赖不是女人婚姻幸福的全部，坚强、独立、无畏才是婚姻给女人最美的勋章。

第七章

CHAPTER

「学会爱，才会拥有爱」

爱，是要学习的。
爱，要恰如其分，
爱，要适可而止，
爱，要带来阳光。
爱，不是索求，
也不是想当然，
她是踏实的，也是温暖的，
更是一种强大的力量。
想要爱，先要学会爱。
只有懂得了什么是爱，
怎样去爱，才能与爱并肩而行。

1

爱，要适合自己

小说《飘》中的郝思嘉一直不明白自己为什么会在一瞬间爱上了她终其一生都不能了解的那个人——卫希礼。歌曲《传奇》中唱道："只因为在人群中多看了你一眼，再也没能忘掉你容颜。"郝思嘉并没有因为多看那一眼而无法忘怀，但是她的这一眼，却改变了她的整个人生。

能够在对的时间遇到对的人，恐怕是每一个人心中最向往的爱情，可是，命运常常会让我们在错的时间遇到对的人，比如郝思嘉与白瑞德的相遇。她从来都不知道，爱情，就应该如那位黑人妈妈说的那样，相同的人在一起才能生活幸福。她和白瑞德是相同的人，两个人都不屈从于命运，都敢于追求与改变。可是，她只是固执地把一厢情愿与想象在自己的心中做了一个印记，而这个印记总能阻止她明白自己，明白爱情。

因为郝思嘉不了解自己，不了解卫希礼，所以没有珍惜自己所拥有的幸福，聪明的郝思嘉从来没有学会去认清自己。女人学会认清自己，其实是件非常重要的事情。

女友大学毕业后在工作中一直勤奋上进，做到了行政主管一职，但她在事业发展得最好的时候选择了离职。对于她的离职，家人和朋友们都为她感到惋惜，可她却真诚地对每一个关心她的亲朋好友说，她知道她在做什么，她要的是什么。

离开了赖以生存的职场，亲人和朋友都担心她以后的人生怎么办。他们都认为不能依靠爱情，因为当爱情的力量不足以支撑起生活的重担时，爱情也许会变得面目全非。在亲友们的担心中，时间一晃就过了两三年，在这两三年时间里，女友既没有变得面目可憎，也没有变得惶惶不安，曾经干练的她变得更为温婉和宁静。

去女友家做客，发现她家窗明几净，窗台上的绿色植物生机盎然。接过女友端上来的柠檬水，我关切地问她这几年是怎么过的。女友说生活于每一个人都是公平的，它的公平就在于每个人拥有相同的时间，而导致每个人生活不同的，其实是怎样安排和利用时间。

女友说职场上的成功确实是一种成功，她也曾因沉浸于不断地提升而不能自拔，并以此为傲，可某天她敬仰的长辈被诊断出绝症，女友前去医院探望时，才从中抽离出来。那位一直以坚强著称的女性告诉女友，她很后悔——后悔一直生活在人们眼中的成功中，却没有真正实现自己想要的生活。长辈的这番话触动了女友，让女友想起了尘封很久，总认为没有时间去实现的梦想，从那天起女友就开始重新规划和安排自己的人生。

简单生活，贴近自然，这成为女友追求的新的生活方式，她把旧的衣服改成软软的靠垫，学会了打流苏和中国结，生活按着她想要的模样进行着，现代社会高速前进的步伐并没有让她脱离现实生活，她可以陪伴家人，可以实现自己想实现的梦想，这样的人生，她喜欢。

认清自己，能明白自己要的是什么样的生活和爱情，会更懂得自己。这样就不会有迷惑，也不会如郝思嘉那样失去真正的爱人与幸福，只会享受阳光下的幸福。

2

不负时光的慷慨

女友来自大西北，在武汉读完大学以后就留在武汉了。她学的是财会专业，可单位却把她安排在后勤部门做出纳。女友还挺能安慰自己的，说这工作总还是和经济与数字挂钩的。

在做出纳的时候，女友还会经常扮演看磅员、整理员、卖票员，有几次还“客串”装卸工。身边的同事们都说她是一个好同事。她什么都不挑，哪能不好呢？

所有的变化发生于她成为一位母亲后。对生活没有任何经验的她，在爱情的召唤下，和来自极北之地的男友结婚了。怀孕生下孩子后，她的婆婆从老家过来，说是帮助她带孩子。

想必每一位婆婆在还是小女儿家的时候也是温柔和美丽的，可现实生活往往如一把看不见的尖利匕首，把她们那份美丽和温柔切割得支离破碎。从此以后，她再看任何年轻的女性，都只能按皮实和听话来划分。

因为买菜的篮子用完后没有及时清洗，婆婆就数落起女友。婆婆的数落让女友感到失望和孤独，但她不知道让她难过的事情还在后面呢。

在看婆婆的脸色中，女友坐完了月子。自从孩子满月后的第一天起，家里所有的事情都由女友来做，哪怕晚上六点回家，晚饭也要她来做。她和老公商量能不能让婆婆帮忙做做饭，老公一边看着电视一边说："妈也老了，带一天孩子也不容易。"晚上，女友抱着孩子，心里想：我容易吗？每天要操心工作，回家却得不到一点儿支持。

女友和婆婆的矛盾终于爆发了，老公当着婆婆的面让女友抱着孩子走，望着陌生的、曾经说过不少情话的老公，女友气得连话都说不出来了。

最终，婆婆还是离开了。女友恨不得把自己分成几个人，一个用来工作，一个用来看孩子，一个用来做家务。

世界上的事情就是这么奇怪，一个人顺风顺水时，周围的人对你也是善良和包容的，如果一个人遭遇困苦时，身边的人也少不了讥讽和嘲笑。女友曾经拿的奖金是同事中最高的，生了孩子后，她拿的奖金是同事中最少的，而她的工作量却没有减少过。

为此，女友和领导吵了一架。她气鼓鼓地和我说，自己的命咋就这么差呢？我还没说上几句安慰的话，女友就直愣愣说我也不懂她。一场谈话还没有开始就结束了。

我同情女友的遭遇，我也曾有过家庭极度不快乐的时候。随着时间一天天过去，在读了很多怎样释放心灵的文章后，我渐渐明白，人生，说到底还是自己的。

我们都曾经有信心把握自己的未来，也曾无数次想过可以克服各种困难，可为什么真正的问题出现了，却先乱了阵脚呢？无论是哪一个人，都不可能掌控他人的生活和命运，也不能因为自己的要求而去牺牲他人的幸福。所谓的爱，是让爱的人生活在温暖和善良里，而不是用某种关系苛刻地要求对方。如果是后者，那不叫爱，那只是赤裸裸的剥夺和限制。

生活随处可以见到美丽的事物，也随处可见被人肆意丢掉的垃圾，如果眼中老是盯着垃圾，怎么可能有机会欣赏到鲜花和明月呢？不管生活给了我们怎样的狼藉，也要学会去慢慢打扫和收拾，因为居住在怎样格局的心灵小屋里，完全在于自己。

所谓“上善若水”，应该理解为拥有如水一般的品性，可以滋养，可以包容，可以坚强。

若真如水那般善利万物而不争，人生的境界就会达到一个新层次，心灵也会处处开满幸福的花朵，如此才能不负时光的慷慨。

3

你的人生，唯一而珍贵

她是家里不得宠的孩子，母亲和父亲生了五个孩子，但却没能走进婚姻，因为她的父亲有自己的婚姻。所以，她是非婚生子，俗称“私生子”。这个命运是她无法掌控的，但是她依然懂爱，需要正常的生活，可是，无论小小的她如何努力让自己变得懂事和乖巧，仍然得不到应有的尊重和爱护。

父亲去世的时候，她和母亲前去吊唁，却被当作野孩子轰了出来。这些年幼的歧视和经历，让她比其他同龄的孩子更懂得生活的真实和严酷。

她长大了，虽然算不得国色天香，但也自有一番美丽。没有文化，没有金钱，没有家世，除了青春，她一无所有。十五岁的时候，一位抒情歌手把她从乡下带到首都，到首都没多久，那位抒情歌手也离开了她。为了生活，她成了一名舞女，可是她的心却在寻找着一切可以改变她人生命运的机会。

她认识了很多男人，有些男人还是各行各业的精英，她通过这些朋友，渐渐让自己崭露头角，逐渐从主持人走到封面模特，再而变成一名电影演员，她实现了自己最初的人生梦想。

如果不是一次偶然遇到了他，或许，她的人生就会止于电影演员。

他提出的“民主、自由、平等”观点深深吸引了她，她认为只有这个男人才可以给她带来理想的人生。事实也证明，她与他的结合是天作之合，他给她名望，她给他力量！

她的人生遭遇让她去帮助更多的人，正是因为她的支持和努力，使得这个国家的社会保障、劳工待遇、教育问题、女性权益得到了很大的改善，最底层人民的生活水平也慢慢得到了提高。她还创办并建立了阿根廷“第一夫人基金会”和穷人救助中心。

当她成为第一夫人的时候，她的经历成为她最大的污点，可是，她的善良、她的为民之心，让人们开始亲切地称她为“阿根廷玫瑰”。

三十三岁的时候，她死于癌症。出殡那天，全国有几十万人亲吻她的玻璃棺，她的头像被印在国家货币上。她就是被阿根廷人民尊敬和喜爱的贝隆夫人。

美国摇滚歌手麦当娜曾拍过贝隆夫人的传记电影，那首《阿根廷，不要为我哭泣》的歌曲，也是贝隆夫人曾经说过的一句话。

“阿根廷，不要为我哭泣，事实上，我从未离开过你。”

她离开人世已有六十多年，但是她从来就没有被人遗忘过，她的善良、智慧、勇敢让她的人生唯一而珍贵。

4

你值得拥有更好的

小时候我住在一个大院子里，院子里有很多小朋友，小玫是我们这群孩子最羡慕的那一个，因为她总能得到院子里所有爸爸、妈妈们的好评。比如她不会在家长的同意下随便接受院子里大人们的糖果；再比如，她喜欢的黄裙子可以主动借给小妹妹参加文艺演出；再比如无论和哪个小朋友发生争执，让步的一定是她。因为小玫是那样的乖巧，所以她总能比我们这些调皮的孩子得到更多大人们的喜爱，她一直是我们这个院子大人嘴里的“别人家的孩子”，也是我们一直无法达到的榜样。

后来院子拆迁了，院子里的人家都搬走了，但因为大家的父母都在一个单位工作，互相还可以知道各家的消息。小玫上了小学、中学，仍然是大人嘴里的“别人家的孩子”，听得最多关于她的评价是：一个上进，肯替他人着想的孩子。有时，我偶尔做错一件事情，母亲就会说看看人家小玫，怎么那么懂事，在母亲眼里我什么时候能像小玫那样，她就满意了。可是，偶尔我也在路上遇到长大的小玫，看起来她好像是一个不会笑的人。让我像她一样整天板着一张脸，我可做不出来。

工作后，恰巧我和小玫在同一个部门上班，小玫一直被同事称为懂事、听话的优秀女孩子。我和她分在一个地方上班，那是不是说明我也很优秀呢？这样想着，我心中暗喜，想着回家把这一好消息告诉母亲，让她知道她的女儿也是别人眼中优秀的孩子。可是这种喜悦没有持续多久，部门一位年长的同事却指着小玫放在办公桌上的一堆书籍，硬声硬气地说小玫放错了地方。我刚想解释，却听见小玫低头连声称是，并把那一堆书放在了地上。看到那堆书里有一百多元的朗文词典，我特别心疼。可小玫还对那个人客气得不得了。

我把小玫拉到一边，告诉她这个人也不过是办公室一个普通的办公人员，他的书桌上还不是放着一大堆杂七杂八的东西……我的话还没说完，小玫却小心地告诉我："我们是新人，要听这些年长同事的话。"

小玫的口头语是："好，我知道，马上给您办。"办公室十几号人，人人都可以支使小玫做这做那，如让小玫送发票到财务，让小玫签收新到的包裹。其实小玫的工作和我是一样的，我们只需要负责文件的翻译工作就可以了，可是，小玫却把大把的时间花在这些事情上。虽然身边的每一个同事都支使小玫做这做那，但是他们对小玫根本都不在意，我不理解，父母嘴中优秀的小玫为什么是这样一个唯唯诺诺的人？我看不惯同事对待小玫的态度，有几次人家要小玫去做本不应小玫做的事情，我还出言制止过，可是小玫还是跑来跑去帮人家的忙。

年底办公室评优的时候，"办公室之友"奖居然颁发给那个从来只在意自己工作的老赵，评语是：专心对待工作，真诚对待同事，是办公室的榜样。坐在小玫身边的我，看到了小玫脸上的失望。

一次，单位急需一份对国外公司的报价单，翻译的任务落在了小玫和老赵身上，老赵接到翻译任务后就粘在了办公椅上一动不动，小玫呢，一会儿帮这个接电话，一会儿帮那个找文件。当部长需要报价单时，老赵的那一份准时交上了，而小玫的工作连三分之一都没有完成。这份报价单要得很急，部长只好让办公室其他几个翻译各取一份帮助小玫翻译。为此，部长批评小玫工作不认真，还说不想干就走人吧。小玫愣在办公室，一句话都不知道替自己辩解。

我陪小玫回家的时候，小玫哭了起来，她告诉我她所做的一切只是想让办公室同事对她好，认同她的友善，结果却成了办公室最傻最不讨人喜欢的那个人。这个时候，我才明白小玫一直生活在成全他人的过程中，这么多年来她从来不在意自己的感受，她在意的是他人的印象评价，她从来没有真正为自己考虑过。

想赢得周围人的好评是一件正常的事情，但赢取方法是委屈自己还是依靠自己，这才是衡量一个人是否成熟的标准。为了获得他人对自己的好感而放弃自己、忽视自己的感受；为了赢得他人的认同，想法子讨好他人、迎合他人，这样做出的选择从来不是自己内心想要的，反而是牺牲自己，成全他人。如小玫的乖和懂事，就是放弃了她个人的喜好和选择，这种放弃直接造就了小玫懦弱的性格。

小玫是一个愿意为他人着想的女孩子，她其实值得拥有更好的生活，而让她拥有更好的生活、走向独立的第一步，就是勇敢地对她不想做的事情、不愿接受的事情说“不”，只有这样，她才能找到那个躲在心灵角落的自己。

5

快乐，才是属于你的标签

隔壁露露的妈妈又在批评露露了，原因不外乎还是那几点：学习态度不端正，疯玩疯闹没女孩相。想象得出露露沮丧的样子，其实大家都知道，露露的妈妈有时是情绪化的，露露不过是个七岁的孩子，用成人的眼光和标准去要求一个孩子，本身就不太适合。

露露的妈妈是一个很努力上进的妈妈，也是一个热爱生活的妈妈，在单位也称得上是业务骨干。可是露露妈妈心里有一块心病，那就是她身边的同事大多是985高校毕业的，她只不过是从一家不入流的大学毕业的。因为起点低，所以她总担心自己的工作做得不好，哪怕她比身边所有的人都敬业。露露妈妈平常特在意周围同事的一个眼神一句谈话，外界对她的评论标准影响着她的情绪。

如果工作进行得非常顺利，露露妈妈一天的心情都是美好的，如果遇到了让她感到受挫的事情，她就会感到挫败。如果她是单身倒也没什么，可她还是一个妈妈。妈妈对于孩子的重要性是不言而喻的。露露妈妈的工作情绪影响到了露露，这也是为什么别人看起来露露只是犯了点儿小错，而露露妈妈却会在意甚至批评露露。孩子的人格其实在儿童时期就开始形成，妈妈对她的否定是会影响她的成长的。

女性在中国家庭中起着非常重要的作用，虽然社会上时有性别歧视出现，但是回归到家庭，女性的作用却是巨大的。女性除了女儿、妻子的身份外，还需要承担一个非常特别的角色，那就是母亲。母亲是最能给孩子安全感的那个人，一个好的母亲带给孩子的不仅是爱与关怀，还会影响孩子未来的人生。

大家都知道，大发明家爱迪生并没有受到系统完整的高等教育，他所接受的教育绝大多数来自于母亲。爱迪生是一个对任何事情都非常好奇的孩子，虽然他的好奇让他闯了不少祸，但他的母亲从来没有因此折断他好奇的翅膀。也正是爱迪生那种好奇心，让他不断想办法证实自己的奇思妙想，最后成为一名卓越的发明家。

美国影片《阿甘正传》是一部非常感人的影片。影片中的阿甘，其实是个智力障碍者，可是他有一个坚强而睿智的母亲。这位乐观的母亲从小就教育阿甘要自信、自立，她的那句“生活就像一盒巧克力，你不打开它，永远都不知道它是什么滋味”的台词启发了很多人。一个人，如果不去奋斗、不去改变、不去领悟、不去接近生活，那他始终不过是人生路上的一个旁观者。

当女人成为母亲以后，那份天生的母爱深深融入女人的生命之中。妈妈们都是爱孩子的，可是爱，也是需要讲究方法的。不能因为那份天生的爱，就可以把孩子当作私有的物品，如露露的妈妈。露露妈妈因为不自信，对自己缺少认同，从而产生不良情绪，当这种情绪受波动时，她会无意中把露露当作情绪发泄的对象。这种做法其实是愚蠢的，她真正伤害了最需要和最依赖她的那个人——孩子！

爱是要给身边的人带去阳光和温暖，而不是因为爱，就可以去捆绑他人。赖佩霞曾做过一次演讲，其演讲题目《你满嘴是爱，却面目狰狞》恰如其分地说明了一点。“我骂你是爱你”，这是不少母亲为自己骂孩子而找的借口，这种借口压根儿就是错误的。

一个母亲带给孩子的应该是阳光、关心、爱、指点与理智，而不是把孩子当作自己情绪的垃圾桶。做一个懂得调节自己情绪的妈妈远比只会硬邦邦给孩子定规矩、讲道理的妈妈更懂得爱自己的孩子，一个快乐、阳光的妈妈远比一个在职场上争强的白领更有价值。

快乐，才是属于母亲的标签。

6

女人，为自己点个赞

小莉的人生目标很简单，她只想拥有心心相印的婚姻，简单幸福过一生。一次单位聚餐，小莉认识了另一个部门的男青年，她对那个人一见钟情，可是人家却压根儿就没注意到小莉。更让小莉失望的是，听同事说他有女朋友了。这让小莉以为自己的这番喜欢不过是一场单恋，可是没有想到，不久后她听到消息说他失恋了，他的女朋友跟一个千万富翁好上了。更令小莉没有想到的是，半年后，那个男青年主动找到小莉，说要和她谈恋爱。

小莉高兴极了，满脸激动，所有人都知道她恋爱了。小莉很在意那个男人，对他说的任何提议、任何要求，她从来没有拒绝过。每次约会或是见面，小莉什么事都顺着她的男朋友，因为她爱得比那个人多啊。事实上，小莉也很希望自己能像其他恋爱中的女孩子那样被男朋友宠着，可她从来没享受过。每次约会，不是小莉想约就能约到男朋友，而是男朋友什么时候想见面了，才打一个电话说要见面，而小莉就满心欢喜地出现了。女友们都觉得小莉爱得太卑微，可是小莉一点儿都不在乎。

有同事告诉小莉，她男朋友过去的女友回来找他了。小莉很不解地说，她不是有千万富翁吗？同事说那又怎么样！小莉虽然人单纯，但她并不傻，约会时她感受得到她男友的应付。想起他和前女友的藕断丝连，小莉告诉这位男友，她可以离开，可是小莉的男友没同意。小莉很在意这段感情，他没同意，她也没有再坚持离开，可是男朋友的若即若离却让她的心始终安定不下来。

有一天下班，小莉因为心急没有坐电梯，走楼梯时她不小心从楼梯上摔了下来。小莉第一个求助电话是打给他的，可是直到路过的同事发现小莉摔伤，把小莉送到医院急救，小莉的那个他还没有出现。也就是这件事情，让小莉决定放弃这段恋情。因为小莉明白，从一个不在意自己的人那里是得不到自己想要的那种幸福和生活的。

选择人生伴侣最重要的一点是爱，因为相互的爱和关心才是让一对情侣能够从青葱岁月牵手走向一生的力量。爱，不会因为多爱一分变得卑微，相互爱着的人，付出的爱绝对是一样多的。

英国有一个女孩叫柔丽，一年前她订婚了，她的心愿就是能和未婚夫一起在迪士尼乐园拍一套“王子与公主”的婚纱照，可是没有想到的是，在婚礼前三个星期，她的未婚夫取消了这场订婚，她成了被抛弃的女人。那一瞬间，她不仅失去了自己爱的人，计划的那个“王子与公主”的合影也成了泡影，这一切让她的自信心跌到了最低谷。

柔丽那个时候非常难过，她甚至还有羞愧的感觉，明明是未婚夫的问题，可受到惩罚的那个人居然是她。失恋的痛苦是巨大的，减轻和转移柔丽这种疼痛的是迪士尼动画片。

柔丽小的时候就喜欢看迪士尼动画片，正是这些动画片里那些美丽的公主们在她的心里埋下了宽容和善良的种子。

她决定原谅她的未婚夫，为了实现自己做“公主”的心愿，她要一个人独自完成这次“王子与公主”的拍摄。

刚开始拍摄的时候，柔丽还有点儿放不开，她怕周围的人笑她一个人的孤单，一个人的伤悲，可是随着她一组又一组的拍公主照后，她的心情渐渐变得开朗起来，她想，没有王子的公主还不是一样的美丽、善良、动人、善解人意。她的笑容渐渐直达眼底，在那个瞬间，她变成一位真正的公主。

有些不属于自己的爱情尽管让它走、让它过去，紧紧抓住不放的不仅不是轻松的爱情，反而是怯懦和伤害，就如柔丽那样，没有王子的陪伴，依然活出了精彩的自己。

拍完这组照片后，柔丽告诉朋友们，其实女性是充满力量、有韧性的，女人可以成为自己的英雄，有找到美丽和让魔法每天都发生的能力。爱情和婚姻不是衡量女性成功和幸福唯一的标准，女人们从来就不缺少爱的力量，缺少的是在变幻莫测的社会中认清自己的机会。单身的女子也好，热恋中的女子也罢，一定要记住，女人自己才是带领自己拥有幸福、快乐、睿智的那个人。女人，为自己点个赞！

7

爱的选择从来都是温暖

她是一位演员，和黄渤、刘亦菲、邓超一起拍过戏，因为她的勤奋，获得过电影界中的丹尼奖和华鼎奖。她也是一位作家，公开出版了一本散文集。她美丽，有才华，前途无量，可是，谁也不会想到，离开水银灯，现实生活中她还是一位乐于帮助孩子们的支教老师。

“你的心有多远，你的路就会走多远”，这句话让现代年轻人相信通过自己的努力和奋斗可以改变一切。可是，生活在山那边的一群孩子，他们根本不知道长大对他们意味着什么，更不知道人生的道路应该怎样走，他们所有的人生计划不过是等待长大后走到山外打工而已，他们的要求也不过是吃饱肚子就够了。如果他们没有遇到她，他们会这样一直生活下去，可是一次偶然机会让他们相遇了，她给他们联结了一座他们从未见过的美丽桥梁。

她是在拍戏的时候遇上这些可爱的孩子们的，她发现他们为了上学得走两个多小时的山路，因为上学不易，很多孩子选择了辍学。对于这些孩子们来讲，在学校里读书不过是认识几个字而已，以后还不是和父母一样，不是种田就是外出务工。看到这种情况，她非常心疼。外面的世界那么大，可以选择的人生那么多，可他们却局限于这一方天空，没有人告诉他们去改变，也没有人告诉他们去选择，只是安于此时安于此地。她喜欢看这些孩子们读书，刚开始的时候，她把自己用的东西都送给了他们，并耐心叮嘱这些孩子们："一定要来上学，一定不能放弃！"为了让这些孩子们信任她，她除了要求孩子们不放弃外，有时间她还会到学校去陪伴那些孩子。她希望在这座山村小学里，每一个孩子们都能得到受教育的机会，珍惜学习的机会，掌握文化知识，从而拥有不一样的人生。

她的戏拍完了，她就要离开山村了，可让她放心不下的是那一群孩子，她怕他们因为自己的离开不来上学了。怎么样才能帮助他们呢？她一次次问自己，也就是在这种担心与不舍中，她做出了一个决定：自己到这座山村里给孩子们上课，当他们的老师！决定做出以后，她的心踏实下来了，她明白自己做出了一个正确的决定。这一年是2006年，她在广西拍摄影片《宝贵的秘密》。

从那年后，只要有时间，她都会回到广西那座山村，回到那所她心中念念难忘的学校。在这所学校里，她给孩子们上课，教孩子们唱歌跳舞、说普通话和做手工。唱歌跳舞、说普通话对于她来讲不算什么难事，可做手工活，确实难倒了她。用布头或者是彩纸给孩子们做模型，对于她来讲真不是件简单的事情。可为了孩子，她必须得做得像模像样。在那些安静的夜里，她坐在灯下，一针一线用心和双手做出上课必须用的模型。

为了让孩子们能坚持读书，得到家长们的支持，她还去家访，向孩子的家长们解释为什么要让孩子们上学，为什么要读书。有些家庭并不是因为穷而不让孩子上学，而是在他们看来，孩子长大总是要去种田或打工的，读书或不读书并不那么重要。面对这样认知的家长，她耐心解释孩子为什么要读书，读书对每一个人的意义和作用。渐渐地，家长们认识到了孩子们接受教育的原因和重要性，教室里又多了几张纯真的笑脸。

她的支教坚持了八年，常说的一句话是："支教以后再无联络对孩子们更残忍。"也正因为如此，每年她必须回到山里，必须陪伴孩子们，必须让孩子们相信她会一直和他们在一起。除了亲力亲为上课之外，她还发动圈子里的好友进行捐助，每年进山她都会带很多物资给她的学生，她想用她的力量给这群山里的孩子带去更好的人生和希望。她并没有想从这件事情里得到什么，只因为心中的那份爱和真情，让她成为这些山里孩子们贴心的老师。

她是在影片《四大名捕》中饰演姬遥花的江一燕。在山里，她被孩子们亲切地称为"小江老师"。用真诚的爱心铸就的美德是最美的，江一燕愿意把最美好的一切带给身边的这个世界的孩子，愿意用自己的力量给他人带去改变和进步，因为她知道，只有善良和相助，才是生命中永远的阳光和力量。

8

不动声色很倾城

她是我们这个女人圈子里不老的神话，上个星期是她四十五岁的生日，可见到她却没有感觉到一点点儿中年大妈的样子。她的头发从来没有染过，却乌黑浓密，拿她的话来讲，她平常用脑用得多，可能血液里的营养都补给脑子了。她穿的还是多年前那条浅蓝的修身裙，腰肢纤细依然美丽。有友人开玩笑问她，保持成这样，花了多少钱？她笑着告诉那位友人，自律就行了。

她的笑容也是淡定的，可是谁又知道，十多年前她却不是这副模样。她所在的单位全员下岗，她和她丈夫都在那家单位，两人拿着手里不过两万多元的安置费开了一家副食小店。

每天早晨不到六点就要开门，晚上为了守店，干脆就住在店里。好几个晚上，老公到十几里外的批发点批货，为了早走，四点就起床，她一个人守在店里很害怕，每次都在枕头底下放一把刀，瞪着眼睛看着黑黑的门。冬天，天寒地冻，她的双手长了大大小小的冻疮，连脸上也不例外。她以为辛苦可以换来生活的安定，可是，现实从来不是童话，做了两年的小店生意，也只能管温饱，家中一点儿多余的钱都没有了。生活像一座重重的山压得她喘不过气来。

父亲、母亲相继生病住院，她都没有办法拿出钱支援，平常自己生病感冒，她都在药房里买最便宜的药。她不敢想象这种生活她要过多久。深夜里，她一个人偷偷痛哭，哭自己怎么命这么不好，可是哭又能解决什么问题？她告诉自己要寻求改变。

一次非常偶然的机会，一位女顾客到她店里买饮料，她看到这位顾客的皮肤非常好，就随意问这位女客人用的是什么护肤品。女顾客说她是一家化妆品公司的销售人员，热情地给她介绍了自己用的护肤产品。她一听，就上心了，因为无论是产品本身还是眼前的这位顾客，她都觉得需要进一步了解，于是，她留下了那位顾客的电话号码。

她抽空找到那位化妆品销售人员，了解到她想知道的情况后，她果断加入这家化妆品公司，关掉了副食店。丈夫说她发疯了，而她却告诉丈夫，不是发疯，而是要奋起。

她瞄准了这家化妆品公司制定的奖励机制，开始向身边的熟人销售护肤产品。销售过程中，她碰了无数次软钉子，跑了无数趟冤枉路。失去基本收入的她，曾创下一周只用六元的纪录，她去客户家里都是走着去的。辛苦了三个月之后，她终于卖出了第一盒面膜。逐渐她成了这家公司的销售高手。事业的成功与自信，让她完全变了一个人，曾经暗黄的脸变得白皙，曾经臃肿的身材变得苗条，她遇到朋友常说的一句话是：“一个女人一定要学会抓住机遇，要能吃得了苦，更要能坚持，这样才能达到幸福的彼岸。”

如今，她开了一家分公司，经营的仍然是帮助她改变人生的那家化妆品品牌。公司开业那一天，她还请来了本城有名的主持人主持晚会，开业会上，她承诺公司会向不具备年纪优势或者弱势的女性朋友们提供就业机会，她说只有身边每一位女性朋友都能享受美丽生活时，她的事业才是真正的成功。

内心的慈悲，事业的成功，勇敢的选择和努力，让她成为一个站在高处看世界的女人，而她也没有忘记对这个社会予以回报！

生活中纵然有许多不美好，比如强权对弱势的掠夺，比如失去信任，比如贪婪，可是，在这个世界上还是有许多面对苦难不动声色，对世界抱有极大希望和温柔善良的女人们，她们用自己的力量和爱对这个世界做出奉献，真诚帮助每一个人的生活变得更加美好，她们才是灵魂有香气的女子。